CoreOS 实战

[美] Matt Bailey 著

蒲 成 译

清华大学出版社

北 京

Matt Bailey

CoreOS in Action

EISBN: 978-1-61729-374-0

Original English language edition published by Manning Publications, 178 South Hill Drive, Westampton, NJ 08060 USA. Copyright©2017 by Manning Publications. Simplified Chinese-language edition copyright © 2018 by Tsinghua University Press. All rights reserved.

北京市版权局著作权合同登记号　图字：01-2017-7949

图书在版编目(CIP)数据

CoreOS 实战 / (美) 马特·贝利(Matt Bailey)　著；蒲成　译. —北京：清华大学出版社，2018

书名原文：CoreOS in Action

ISBN 978-7-302-49452-2

Ⅰ. ①C… Ⅱ. ①马… ②蒲… Ⅲ. ①操作系统 Ⅳ. ①TP316

中国版本图书馆 CIP 数据核字(2018)第 020929 号

责任编辑：王　军　于　平
装帧设计：思创景点
责任校对：曹　阳
责任印制：刘海龙

出版发行：清华大学出版社
　　　　　网　　　址：http://www.tup.com.cn，http://www.wqbook.com
　　　　　地　　　址：北京清华大学学研大厦 A 座　　　邮　　编：100084
　　　　　社 总 机：010-62770175　　　　　　　　邮　　购：010-62786544
　　　　　投稿与读者服务：010-62776969，c-service@tup.tsinghua.edu.cn
　　　　　质 量 反 馈：010-62772015，zhiliang@tup.tsinghua.edu.cn
印 装 者：三河市少明印务有限公司
经　　销：全国新华书店
开　　本：185mm×260mm　　　印　　张：11.25　　字　　数：274 千字
版　　次：2018 年 2 月第 1 版　　印　　次：2018 年 2 月第 1 次印刷
印　　数：1～4000
定　　价：49.80 元

产品编号：075915-01

谨以本书献给我的妻子 Jenn 以及我的孩子 Adam 和 Melanie。

译 者 序

DevOps 和容器化差不多是目前 IT 行业最热门的两个词。这要归因于软件行业日益清晰地认识到，为了按时交付软件产品和服务，开发和运营工作必须紧密合作。特别是在如今移动互联网和大数据分析应用大行其道的背景下，如何成为一名真正的消费者用户并且像消费者用户那样来考虑整件事情的意义，就成为各个企业追求的目标。而 DevOps 和容器化正是为了实现这一目标而被广泛应用的工具。

CoreOS 正是在此背景下诞生的，它是一个基于 Docker 的轻量级容器化 Linux 发行版，专为大型数据中心而设计，旨在通过轻量级系统架构和灵活的应用程序部署能力降低数据中心的维护成本和复杂度。CoreOS 作为 Docker 生态圈中的重要一员，日益得到各大云服务商的重视，目前所有的主流云服务商都提供了对 CoreOS 的支持，其发展风头正劲。CoreOS 是为了计算机集群的基础设施建设而诞生的，专注于自动化、轻松部署、安全、可靠和规模化。作为一个操作系统，CoreOS 提供了在应用容器内部署应用所需的基础功能环境，以及一系列用于服务发现和配置共享的内建工具。

本书从 CoreOS 的基础组成部分开始，深入浅出地讲解了 CoreOS 在私有化部署和云端部署的完整步骤，从而为读者描述了以 CoreOS 为基础的完整生态。如果读者之前从未接触过 CoreOS，那么相信读者在阅读完本书之后，会对 CoreOS 有一个全面的认识，并且具备部署 CoreOS 和在其上构建应用程序栈的基本能力。

本书侧重于介绍 CoreOS 的组件、特性以及部署方式，并辅之以从易到难的示例，以便读者可以动手实践，从而由浅入深地了解 CoreOS 的方方面面。通过这些示例，本书也抽丝剥茧般阐述了 CoreOS 作为一种集成方式如何从其所运行的计算资源池中提取抽象，这样，开发运营人员就能专注于应用和服务，而不会受到 OS 本身各种依赖项的干扰了。作为一本 CoreOS 实战类书籍，本书的内容完全可以满足需要进行 CoreOS 实践的用户的需求。

在此要特别感谢清华大学出版社的编辑，在本书翻译过程中他们提供了颇有助益的帮助，没有其热情付出，本书将难以付梓。

本书全部章节由蒲成翻译，参与翻译的还有何东武、李鹏、李文强、林超、刘洋洋、茆永锋、潘丽臣、王滨、陈世佳、申成龙、王佳、赵栋、潘勇、负书谦、杨达辉、赵永兰、郑斌、杨晔。

由于译者水平有限，难免会出现一些错误或翻译不准确的地方，如果有读者能够指出并勘正，译者将不胜感激。

译　者

致　　谢

　　我要感谢 Manning 出版社联系我编写本书，并且我要表达对于出版人 Marjan Bace 的谢意，还要感谢 Cynthia Kane 在本书的长时间编写过程中给予我的指导，感谢 Ivan Kirkpatrick 在对本书技术评审过程中所进行的非常细致的工作，感谢 Tiffany Taylor 帮助推动越过终点线的最后一部分内容形成文字，并且要感谢编辑和制作团队的每一个人，其中包括 Janet Vail、Katie Tennant、Dottie Marsico，以及许多在幕后工作的人。此外，我还想感谢#gh 和#omgp 中的所有朋友，你们总是在激励我前进。

　　我无法用言语来感谢由 Ivan Martinovic 领导的技术评审部门，你们是非常棒的团队，其中包括 Michael Bright、Raffaello Cimbro、Luke Greenleaf、Mike Haller、Sriram Macharla、Palak Mathur、Javier Muñoz Mellid、Thomas Peklak、Austin Riendeau、Kent Spillner、Antonis Tsaltas、Filippo Veneri 以及 Marco Zuppone，还要感谢天赋甚高的论坛贡献者。他们的贡献包括，找出了技术性错误、专业术语错误、打字错误，并且提供了主题建议。每一轮评审过程以及通过论坛主题而实现的每一批反馈，都帮助到本书的成形。

前 言

正如本书的许多读者一样，我也是作为 Linux 和 UNIX 系统以及网络的系统管理员而开启技术行业职业生涯的。另外，就像许多人一样，我从未对可用的自动化程度感到满意过，也从未对其无条件信任过。我们中的一些人或多或少使用过 CFEngine、Puppet 和 Chef 来进行管理，并且使用我们的技术进行更严谨的工程设计和承担较少的系统管理工作。之后容器变得流行起来，并且 CoreOS 的发布大规模地填平了容器与系统管理之间的沟壑。

我是在 2013 年末 CoreOS 刚刚问世时开始使用它的。它是一款大部分系统管理员都认为迟早会出现的 OS。它提供了一种集成方式，以便将服务编制为从其所运行的计算资源池中提取的抽象。Manning 出版社在 2015 年末开始联系我，想要知道我是否有兴趣编写一本 CoreOS 方面的书籍，我接受了这个提议并且开始奋笔疾书。当我由于这个项目而无法在业余时间陪伴我的孩子们时，我也感到愧疚。这是我的第一本书，我发现，内容构思以及在 Vim 中输入这些内容并不是最难的部分，最难的是同时找到充满动力的书籍编写时间和不受打扰的自由时间。而这种情况很少会同时出现，尤其是在家有幼儿的情况下。

我希望《CoreOS 实战》能够引导读者并且为读者带来一些挑战。从某种程度上说，这本书的内容发展遵循了我职业生涯的发展轨道以及此技术领域的发展轨道。具体而言，CoreOS 和类似的系统都旨在将单调乏味的运营工作转变成软件开发，并且将系统管理救火式的工作转变成声明式的工程设计。因此，《CoreOS 实战》是从基础组成部分开始介绍的，并且以完整的软件栈作为结束。

关于本书

《CoreOS 实战》为应用程序架构、系统管理员以及寻求如何在不牺牲开发工作流或者运营简单性的情况下进行规模化计算的信息的人提供了一个有效资源。CoreOS 及其组件套装提供了一种切实可行的方法来进行系统设计，其中高可用性、服务发现以及容错性变得不难实现，并且从一开始就成为核心基础设施和应用程序架构的组成部分。CoreOS 和它所倡导的概念对于开发人员和运营专家来说都是有用的，CoreOS 意识到在某种程度上容器化的意图正变得更易于投入运营、维护和迭代。

如果读者正在阅读本书，那么大概已经注意到了，技术领域的普遍行动就是分解竖井并且将开发和运营这两方面结合到一起。在许多组织中，运营专家和应用程序架构师的角色正在被结合成一个角色，例如开发运营(DevOps)或者站点稳定工程(Site Reliability Engineering)。因而，一些人可能最终面临知识缺口。有时候，本书可能看起来使用更高级的主题组合了对读者而言显而易见的信息，不过那是因为我在尝试为可能不具备成功使用 CoreOS 所需的部分基础知识的人提供完整的全局观念。

本书读者对象

本书的读者对象是系统管理员、软件工程师以及对构建可扩展容错系统感兴趣的人。本书研究了使用 CoreOS 进行运营化和构建服务的软件架构；如果读者有兴趣了解构建可扩展的具有容错性的系统，那么本书就是很好的资料来源。

本书中并没有大量的功能性代码——我基本上是在介绍配置文件以及一些用于 Amazon Web Services 的 YAML 模板。对于 Bash 和通用 Linux 系统管理的基础理解应该就足以让读者入门了。在本书后面的内容中，会提供具有 JavaScript 前端的 Node.js 示例，不过 JavaScript 经验并不是必要的。

在描述本书章节之前，先介绍一些技术背景知识。

背景介绍

大约从 2008 年开始，扩展系统以便满足组织顾客的需要已经催生了包括服务、工具和咨询公司的整个行业。这些行业的最终目标一直都是管理具有较少资源的更大规模的系统——并且要非常快速地进行管理。这些平台即服务(Platform-as-a-Service，PaaS)、基础设施即服务(Infrastructure-as-a-Service，IaaS)以及配置管理套件都旨在将系统管理的重担转换成自动化系统，这样组织才能"轻易地"从规模化目标中将 IT 人力资源释放出来。其理念可以用一个比喻来形容(这个比喻是由 Bill Baker 提出的，这是我能找到的最贴切的比喻)，我们应该将基础设施当作家畜而非宠物来对待。也就是说，计算资源单元是日用品或电器，而非具有名称的独立的、精心维护的服务器。当家畜出现问题时，我们会处理掉它们；而在宠物生病时，我们需要对其进行护理以便它们恢复健康。我们应该充分利用自动化，并且不应该过多关心是否必须进行重构；这样做应该是容易并可复制的。

不过现实情况是，尝试达成这些可复制性和瞬时性目标通常会极其复杂。这样做的具体方式会变成竖井逻辑和工作流的黑盒，即使是在使用广泛引用的工具也会如此。像 Chef 和 Puppet 这样的配置管理系统对于此复杂性而言尤其脆弱——不是因为它们的设计就是如此，而是因为组织通常会遇到阻碍(技术性和非技术性的)，而这些阻碍的最终解决都是以与这些工具的最佳实践完全无关的方式来处理的。在 IaaS 领域，组织通常会像处理其现场资源那样处理其公有云计算资源，这主要是因为 IaaS 具有允许这样做的灵活性，即使这样做会导致系统不可维护。下面介绍容器。

容器

LXC 是在 Linux 用户空间中创建虚拟化运行时的早期实践。与 chroots 和 jails 相比较，它是一种比较重的抽象，但又比完全虚拟化轻。在 Docker 于 2013 年推出并且围绕 LXC 技术增加大量特性之前，很少有人使用过或者听说过 LXC，最终，Docker 用自己的组件完全替换了 LXC 的组件。在我看来，大体而言，Docker 和容器化解决了虚拟化打算解决的问题：关注点的简单隔离、系统的复制以及不可变的运行时状态。其优势很明显：依赖性管理变得被轻易包含其中；运行时是标准化的；并且其方法对开发人员足够友好，开发和运营可以使用相同的工具，且每个字节都在使用同一容器。因此，我们已经越来越少地听到"它仅对我适用，而不适用于生产"这样的话了。CoreOS 在某种程度上正是此计算模型的运营化，它利用了在通用、分布式系统模型中容器化的优势。

本书从头至尾都在介绍如何利用此计算模型的优势。读者将了解如何同时在原型环境和云端生产环境中部署和管理 CoreOS。还将了解到如何设计和调整应用程序栈以便它能在此上下文中很好地运行。除了该 OS，还将详细介绍 CoreOS 的每个组件及其应用：etcd 用于配置和发现，rkt 用于另一种方式的容器运行时，fleet 用于分布式服务调度，flannel 用于网络抽象。

分布式计算并非新概念；许多用于分布式系统的模型和软件包自从计算的广泛应用开始就已经问世了。不过这些系统中的大多数模型和软件包都不为人所知，具有高度的专属权，或者隔绝在像科学计算这样的特定行业中。最老的一些设计如今仍然存在的唯一原因就是支持 20 世纪 70 年代的遗留系统，它们为大型机和小型机驱动着分布式计算。

CoreOS 背后的历史与推动因素

单系统映像(Single System Image，SSI)计算的概念是一种 OS 架构，自 20 世纪 90 年代以来并没有看到它有多么活跃，它只在一些长期支持遗留系统的场景中得到了应用。SSI 是一种架构，它将集群中的多台计算机作为单一系统来提供。其中有单一的文件系统、通过共享运行时空间来共享的进程间通信(Interprocess Communication，IPC)，以及进程检查点/迁移。MOSIX/openMosix、Kerrighed、VMScluster 和 Plan 9(原生支持的)都是 SSI 系统。Plan 9 上大概曾进行过大部分当前的开发活动，这应该表明了此计算模型当初的流行性。

SSI 的主要缺陷在于，首先，这些系统通常难以配置和维护，并且并非旨在实现通用性。其次，该领域的发展已经明显停滞了：SSI 中没有什么新东西出现，并且它已经无法跟上发展以用作一个流行模型。我认为这是因为科学和其他大数据计算已经拥抱了网格计算，比如像 Condor、BOINC 和 Slurm 这样的批处理操作模型。这些工具旨在在集群中运行计算任务并且交付结果；SSI 的共享 IPC 无法为这些应用程序提供多少好处，因为数据传输的(时间)成本超过了阻塞式批处理过程的成本。在应用程序服务栈的领域中，通过像 HTTP 这样的协议的抽象以及分布式队列也让人们不再值得对共享 IPC 进行投入。

目前，对于分布式计算而言，问题域是如何有效管理大规模的系统。无论我们是在使用 Web 栈还是分布式批处理，可能都不需要共享 IPC，不过 SSI 带来的其他内容具有更多显而易见的价值：共享文件系统意味着我们仅需要配置一个系统，并且进程检查点和迁移意味着结点都是可丢弃的并且"更类似家畜"。在不使用共享 IPC 的情况下，这些解决方案会难以实现。一些组织转而使用将配置应用到多台机器的配置管理系统，或者设置复杂的具有完全自定义逻辑的监控系统。根据我的经验来看，配置管理系统无法达成目标，因为它仅会完全确保运行时的所有状态；在它们运行完成之后，状态就会变成未知。这些系统更专注于可复制性而非一致性，这是一个好的目标，但无法提供通过分布式文件系统进行共享配置的可靠性。尝试同时管理进程的监控系统通常要么特定于应用程序，要么难以实现和维护。

无论是有意或无意，像 Docker 这样的容器系统都为重新利用 SSI 的优势奠定了基础，而不需要实现共享的 IPC。Docker 确保了运行时状态，并且提供了从 OS 中抽象出来的执行模型。"不过，"大家可能会想，"这完全与 SSI 相反。现在每一个独立的系统甚至都具有了更为隔离的配置和运行时，而非共享式的！"的确，此方法是不相关的，不过它实现了相同的目标。如果运行时状态仅被定义一次(比如在 Dockerfile 中)，并且在整个容器生命周期中都对其进行维护，那么我们就达成单点配置的目标。并且，如果可以同时远程和独立于其运行之上的 OS 与集群结点来编制独立进程状态的话，我们就达成通用服务在集群范围内的进程调度这一目标。

意识到那些可能性就是需要独立于容器化系统之外的工具的地方。这正是 CoreOS 及其系统套件发挥作用的地方。CoreOS 提供了足够的 OS 以供运行一些服务；其余的都是由 etcd 和 fleet 的编制工作来处理的—— etcd 提供了分布式配置，从中容器可以定义其运行时特征，而 fleet 管理着分布式初始化和容器调度。从内部看，CoreOS 也使用 etcd 来提供分布式锁以便自动管理 OS 升级，这转而又会使用 fleet 在整个集群中平衡服务，这样结点就可以自行升级了。

本书路线图

第 1 章首先简要介绍 CoreOS 生态系统。我提供了容器 OS 中核心系统的一些阐释，以及一个并非真正旨在用于执行而是揭示这些部分如何适配到一起的简要示例。

第 2 章介绍设置一个本地 CoreOS 环境的过程，我们将在本书大部分后续内容中使用它作为沙盒。这也是人们在现实环境中使用的过程，以便为 CoreOS 构建组件，因此进一步关注该章的内容会是一个好的做法。

第 3 章讲解与 CoreOS 容错性和系统升级的方式有关的内容，并且介绍设置一个容错性 Web 应用的处理步骤。我们在本书其余内容中基于这个 "Hello World" 进行构建。

第 4 章探讨了现实世界的需求和 CoreOS 生产部署的目标，以及与如何处理集群中分布式文件系统选项有关的一个现实示例。

第 5 章会研究十二要素应用方法论以及如何将之应用到希望在 CoreOS 中部署的应用程序栈上。该章会以如何在第 6 章中应用此方法论的概述作为结束。

第 6 章将第 3 章的示例扩展成一个具有许多层的更为真实的 Web 应用。我们还将引入一个持久化数据库层。

第 7 章使用了第 6 章的持久化层并且深入探究了如何让它具有容错性和在所有集群机器中的可扩展性。

第 8 章深入研究 Amazon Web Services(AWS)中 CoreOS 的实践部署。

第 9 章讲解如何使用第 6 章和第 7 章中所构建的整个软件栈，并且以自动化方式将它部署到第 8 章所构造的 AWS 环境中。

第 10 章通过探讨 CoreOS 的系统管理部分总结了本书内容，其中包括日志记录、备份、扩展以及 CoreOS 的新 rkt 容器系统。

源代码下载

本书中所有示例的源代码，包括一些非常长的 AWS 模板，都可以在 www.manning.com/books/coreos-in-action 下载。也可扫描封底的二维码下载源代码。

作者简介

Matt Bailey 目前是 ZeniMax 的技术主管。他曾致力于高等教育行业，并且曾供职于科学计算、医疗和网络技术公司，以及一些初创型公司。读者可以通过 http://mdb.io 以在线方式联系他。

作者在线

购买了《CoreOS 实战》的读者可以免费访问 Manning 出版社所运营的一个私有网络论坛，读者可以在其中对本书进行评论，提出技术问题，并且接受来自作者和其他读者的帮助。要访问该论坛并且进行订阅，可以将 Web 浏览器导航到 www.manning.com/books/coreos-in-action。这个页面提供了相关的信息，其中包括如何在注册之后登录该论坛，可以得到哪些帮助，以及该论坛上的行为准则。

Manning 出版社对于读者的承诺旨在提供一个场所，其中读者与读者之间以及读者与作者之间可以展开有意义的对话。作者方面的参与程度是无法得到保证的，但对于作者在线的贡献仍旧是自愿的(并且免费的)。我们建议读者尝试向作者提出一些具有挑战性的问题以免他没兴趣关注！

只要本书还在印刷，就可以从出版商的网站上访问作者在线论坛和前述探讨内容的归档。

本书封面介绍

《CoreOS 实战》封面上的图画是一个"叙利亚苦行僧"。穆斯林苦行僧生活在宗教团体中，他们与世隔绝并且过着物资匮乏且冥想式的生活；他们是众所周知的智慧、医药、诗歌、启迪和妙语的源泉。该图例来自于伦敦老邦德街的 William Miller 于 1802 年 1 月 1 日出版的奥斯曼帝国服装图集。该图集的扉页已经丢失，并且我们至今都无法找到它的下落。这本书的目录同时使用英语和法语来标识插图，每张插图都有创作它的两位艺术家的名字，他们无疑一定会为自己的作品被装饰到 200 年后的一本计算机编程书籍的封面上而感到惊讶。

自那时起，衣着习惯已经改变了，当时如此丰富的地区多样性已经逐渐消失。如今通常从衣着很难区分不同国家的居民。也许，尝试从乐观的角度来看，我们已经用文化和视觉上的多样性换来了更为多样化的个人生活——或者说是更为丰富以及有趣的知识技术生活。Manning 出版社的同仁崇尚创造性、进取性，这个图集中的图片使得两个世纪以前丰富多彩的地区生活跃然于纸上，以其作为图书封面会让计算机行业多一些趣味性。

目　　录

第 I 部分

增进了解 CoreOS

在前三章中，大家将了解 CoreOS 到底是什么。我将介绍一些专业术语以及组成 CoreOS 的系统，并且让大家掌握和运行一个沙盒环境。大家还将开始着手处理要贯穿本书而构建的一个应用程序栈。

CoreOS 家族介绍

## 第 1 章

本章内容：

- CoreOS 系统和概念概览
- 理解 CoreOS 的常见工作流模式
- fleet 和 etcd，以及 systemd 单元介绍

假定你被一家新公司所雇用，并且该公司希望你为其开发人员构建一套现代的基础设施以及运维架构。该公司具有许多不同的应用程序栈，并且对于水平可扩展性和高可用性具有强烈的需求。我们知道我们想要使用 Linux，但是所面临的维护无穷无尽的操作系统更新和变更或者设置复杂的配置管理系统的局面会令人不快。我们清楚，容器化可以让这一局面变得简单很多——我们可以将操作性配置从应用程序中分离出来——但我们仍旧需要面对如何大规模管理所有那些容器的难题。现如今大量的发行版软件都支持 Docker，但其支持方式却并非旨在用于大规模生产应用。

进入 CoreOS：这是一个自底向上的设计，以便帮助解决任意规模的容器操作化问题的操作系统。它具有高容错性并且是极其轻量级的，另外，它也展现出很高的性能，不过要如何上手使用它呢？我们都清楚该目标：我们希望将一种基于容器的平台作为服务提供给我们的工程师，并且我们知道 CoreOS 可以成为这样的一种利器。但是如何才能让它运行起来呢？如何才能改写或设计应用程序架构以便最好地利用这个系统的优势呢？

提示： 如果我们希望更多地了解 CoreOS 中的理念源自何处，则务必要阅读本书前言中的"背景介绍"一节。

在本章中，我们将详细介绍组成 CoreOS 家族的系统的各个部分，并将简要介绍它们如何解决基础设施和架构问题，比如刚才所描述的那些问题。阅读完本章，读者将清晰地理解 CoreOS 以及其核心组件是如何适配到一起的，同时读者也会了解一些关于其实用程序的知识，这些知识在第 2 章探讨构建一个本地集群时将发挥作用。

1.1　迎接 CoreOS

CoreOS 的到来可以解决我们的规模化、可用性以及部署工作流的问题。在本章中，我们将介绍 NGINX(一种流行的 HTTP 服务器)的一个简单应用程序部署，以便揭示出 CoreOS 如何实现其中一些解决方案，另外我们还将查看一些必要的系统。有了 CoreOS，我们就不必管理包，发起漫长的升级过程，规划复杂的配置文件，摆弄权限，规划重要的(用于 OS 的)维护窗口，或者应对复杂的配置模式变更。如果我们完全拥抱 CoreOS 的特性，那么我们的结点集群就将一直具有该 OS 的最新版本，并且我们将不再需要任何停机时间。

当我们刚开始接触到 CoreOS 时，这些理念可能会难以领会，但它们具化了启动之后永恒不变的 OS 的思想体系，这样就带来一种前所未有的使用 OS 的体验。CoreOS 的分布式调度器 fleet 会管理应用程序栈的状态，并且 CoreOS 提供了一个平台，可以让那些系统在平台上详细组织服务。如果读者具有计算机科学的背景知识，则可以将传统的配置管理系统视作严重依赖于持续操作 OS 状态而产生的副作用，而在 CoreOS 中，OS 的状态会在启动时一次性创建，绝不会变更，并且在关机时才丢失。这是一个强有力的概念，它会强制架构具有高度的幂等性且没有任何潜藏的副作用，其结果就是，极大地提升了关于系统可靠程度的确定性，并且大幅减少了对于监控和管理 OS 的复杂工具层的需要。在这一节中，我将概要介绍让 CoreOS 运转起来的各个部分以及这些部分是如何互补的。

CoreOS 背景

CoreOS 基于一个 Linux 发行版本，在某种程度上说，基于 Gentoo Linux。类似于 Google 的 Chrome OS 基于 Gentoo 一样，这仅仅对于那些有兴趣对 CoreOS 本身实施黑客行为的人具有相关性，而这并非本书的内容范围(尽管本书确实是用于理解我们正在做些什么的绝佳指南)。

这可能并非我们需要关心的内容，其原因较为复杂。CoreOS 旨在提供少量充当一个轻量级、分布式系统的服务; CoreOS 的主旨在于，它不会成为我们的障碍，并且它的配置在启动时就被固化了，这类似于容器。从整体来看，这几乎完全不同于其他所有 Linux 发行版本或者 OS。在第 8 章中，我们将更深入地探究 cloud-config，它描述了该 OS 的状态，其中大部分都与集群发现和初始化在 fleet 外部管理的核心服务相关。

关于容器化

我们将研究如何才能调整容器以便让其与 CoreOS 发挥最佳功效，不过读者应该具有一些使用 Docker 的经验以及容器化的概念，以便最大程度地理解本书内容。读者也可以阅读 Jeff Nickoloff 所著的 *Docker in Action* 一书(Manning 出版社于 2016 年出版，www.manning.com/books/docker-in-action)。

1.1.1　CoreOS 家族

CoreOS 由一些关键系统与服务构成,这些系统与服务会管理它所宣称要促成的所有可扩展性和容错性。图 1.1 提供了其集群布局方式的高层次概览。

我们将在下一节中较为详细地研究其中的每一个组件，并且在本书后续内容中详尽地介绍它们，这代表构成 CoreOS 的关键系统：

- etcd 充当集群的持久化配置状态(参阅 1.1.2 节)。
- fleetd 充当集群的分布式运行时调度器(参阅 1.1.3 节)。
- systemd 单元文件是 fleetd 所依据的执行运行时的机制(参阅 1.1.4 节)。
- Docker 和 rkt 是常用的单元文件将会运行的容器平台。CoreOS 旨在让所有的运行时在容器中发生，并且可以从这两个平台中选择一个(或者组合使用这两者；参阅 1.1.5 节)。

图 1.1 缺失的一个必要系统是 cloud-config，它用于设置机器的初始化配置状态。相较于理解 CoreOS 概念的必要条件，它在更大意义上是基础设施配置的细节；1.1.6 节会详尽地介绍它。

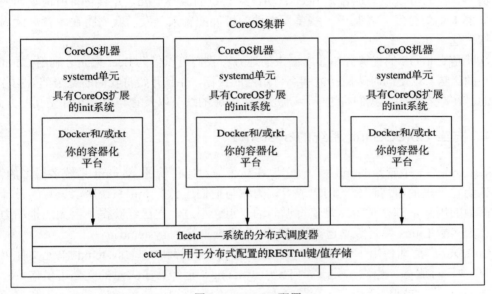

图 1.1　CoreOS 配置

1.1.2　etcd 和分布式配置状态

etcd 是一种高可靠的分布式键/值存储。如果读者熟悉 memcached 或者 redis，就会知道它也与其类似，不过相较于性能，它更专注于(分布式)一致性和可靠性。可以通过自定义命令行工具来访问它，并且它是完全基于 RESTful 和 JSON 的。顾名思义，etcd 旨在分发系统和服务配置。它是用于 fleet(CoreOS 的分布式调度器)的数据存储。

fleet 和 CoreOS 使用 etcd 找出同等项，分发用于各种目的的锁，并且在整个集群中协调运行中的 systemd 单元。尽管单就这方面来说它已经很有用了，但它还旨在成为保存集群中配置的位置。在本章稍后的示例中，我们将使用它注册 NGINX 实例，以便用于可发现的负载均衡器。

etcd 并不是为大型对象存储或者强大的性能而设计的；其主要目的在于，让集群的状态单一化。除了设置初始化状态的 cloud-config 之外，就没有其他的(非瞬时)状态存在于任何特定的 CoreOS 结点上。etcd 提供了一种方式，以便让状态成为作为整体计算机集群的一个属性,而非任何离散结点的属性。它也提供了一种公共总线,可以围绕这条总线来设计更高级的、可充分利用集群单系统特性优势的功能。

我们可以使用 etcd 的 CLI 工具 etcdctl 来操作它,或者使用像 curl 这样的任意 HTTP 客户端来操作它,不过后者通常需要大量更多的细节处理——这也是由于其普适性造成的。我们将在本书后续的内容中研究 etcd 更为高级的使用和配置。

1.1.3　fleet 和分布式服务状态

fleet 与 etcd 就像一枚硬币的两面。fleet 使得 CoreOS 可以通过在整个 CoreOS 集群中智能分发 systemd 单元来充当单台机器,这是通过使用 etcd 分发这个状态来实现的。在整个集群中,我们可以轻易地告知 fleet 启动任意数量的服务单元,并且它将所请求的内容在整个集群中均匀分发或者基于一些单元文件的扩展配置来分发,我们将在本章后续内容中简要探讨这一点。

这就是 CoreOS 的优势开始显露出来的地方。我们可以借助 fleet 来充分利用 CoreOS 集群大小的优势,以便同时达成功能和高可用性的目标,并且开始将我们的整个部署用作单个资源池。在整本书中,我们将进一步研究关于 fleet 的细节以及它与单元文件交互的方式。

1.1.4　充当 CoreOS init 系统的 systemd

systemd 是一个较新的 init 系统,它旨在显著应对比传统的 sysvinit 系统多得多的特性。许多认为它处理的事情过多的用户或者认为它与他们所想的 init 系统所应该有的设计方式背道而驰的用户,都会觉得这是值得诟病的一点。不过,它已经获得了巨大的推动力——足以让大多数 Linux 发行版本已经切换到或者将会切换到 systemd。

CoreOS 广泛地使用了 systemd,并且我们需要理解和编写 systemd 单元文件以便在 CoreOS 中运行服务。当然,关于如何使用 systemd,已经有了大量的文档可供借鉴。我不会在本书中非常详细地介绍它,而是会专注于我们需要知道的关于让 systemd 和单元文件在 CoreOS 中发挥作用的内容。我们还将学习如何使用 fleet 对于 systemd 的扩展,以便让我们的单元能够感知到集群;并且我们将学习 fleet 与 systemd 日志的交互方式,这对于理解在 CoreOS 中日志记录如何工作是至关重要的。

1.1.5　Docker 和/或 rkt,容器运行时

Docker 和 rkt 都是 CoreOS 中用于我们服务的受支持的运行时。rkt 是由 CoreOS 开发人员所开发的一个较新的容器系统。

首先澄清一点,CoreOS 同时支持 Docker 和 rkt 运行时环境;rkt 也可以运行 Docker 容器,这是与构建它时所要支持的应用程序容器(app container,appc)规范映像(ACI)保持一致的。rkt 的构建是为了驱动更为健壮的权限隔离以及更易于与 Linux init 系统集成。它不具有 Docker 使用的守护进程,并且它依赖我们用于管理容器进程控制的任意 init 系统。当然,在 CoreOS 中这就是 systemd,但 rkt 可以在任何位置运行。

无论是选择 rkt 还是 Docker(或者同时选择这两者)以便抽象出运行时,我们从这些容器

系统中所获得的东西都是完全在 CoreOS 中实现了的。总之,只要我们考虑遵循构造容器化架构的最佳实践,那么容器运行时的瞬时特性就会变成我们从作为一个整体的集群中抽象状态的方式。我们将在本书后续内容中更为深入地介绍 CoreOS 中的应用程序架构。

类容器(container-like)系统的简要历史

尽管像 Docker 这样的容器系统最近已经变得极为流行(这无疑要归因于相对于其他实现的大幅改进了的工具),但容器化并不是特别新的概念。Docker 最初依赖于 LXC,并且像 chroot jails、FreeBSD jail、Solaris Zones 等这样的系统已经出现很长一段时间了,这类系统正是为了尝试解决这些相同的问题。其目标是实现一个不需要完整虚拟机硬件抽象的抽象运行时,完整的虚拟机硬件通常具有很高的开销和运营成本。

在我看来,Docker 已经取得了成功,这是因为它带来了高质量的工具套件,并且围绕该产品的社区已经发展壮大了。设置和运行 Docker 相对也很容易,而对于我们提及的其他系统来说,情况就绝非如此了。

1.1.6 使用 cloud-config 进行初始化配置

CoreOS 的大部分 OS 配置都并非旨在可以被操作,除非我们是在为了开发而调试该 OS 本身。CoreOS 的配置范围完全包含在 cloud-config 文件中。

令人困惑的是,CoreOS 开发人员对这个系统的命名类似于其受启发的系统:cloud-init,它是被广泛使用的、基于 YAML 的初始化配置系统。cloud-init 并非 CoreOS 所特有的;如果读者具有在 AWS 或 OpenStack 中使用 Ubuntu 或 CentOS 的经验,则会发现它无处不在。开发人员通常使用 cloud-init 来引导其他像 Chef 和 Puppet 这样较重的配置管理系统,但 CoreOS 打算让 cloud-config 成为该 OS 配置真正意义上的单一源。使用 cloud-config 来引导像 Chef 这样的系统是可行的,但这样做与 CoreOS 结点处于单一状态和瞬时状态的意图背道而驰。

最小化的 cloud-config 文件通常由一个发现令牌和一些 SSH 密钥构成。

相较于传统的配置管理,为何要使用 cloud-config?

CoreOS 构造 cloud-config 的好处在于,它是精心定制的,以便在 CoreOS 如何趋近于 OS 设计的背景下满足初始化配置的需要。相较于学习与如何划分发行版本以及管理配置文件有关的文件系统布局和细微差异,我们要面对的是,利用易于使用的配置抽象进行基础配置。

CoreOS 是全新设计的,以便不再具有任何超出可以在 cloud-config 中定义的内容的配置需求,因此并不需要应对此任务的其他系统。例如,可以通过在 YAML 清单中枚举新的服务单元来定义它们,而 cloud-config 将处理其余的事情。

1.2 将核心服务装配到一起

既然我们已经理解了让 CoreOS 发挥作用的必要系统,那么就来看一看它们是如何彼此配合以便组织起来运行一个高可用服务的。我们将从很可能会在日常运营中遇到的工作流开始讲解，并且逐步建立起一个位于集群中的示例 NGINX HTTP 服务器。

应用程序栈的组织正是 CoreOS 及其工具为我们带来大量强有力支持和灵活性的地方。不过在我们可以构造复杂系统之前，需要学习这些工具是如何运行的。

1.2.1　CoreOS 工作流

设置一个基础 NGINX 实例集群的工作流看起来就像是图 1.2 中的流程一样。最好将 CoreOS 及其系统视作运营和基础设施中容器典范的体现。拥抱瞬时性，并且忘掉与过去管理服务器方式有关的想法；它们大多数都不再适用了。将集群视作达成目标的单一机制，而非一组需要细心管理的设备。一旦具备此思维模式，扩展向量就会变得显而易见，并且可以轻易实现容错的可能性。

图 1.2 表示一个基础工作流：创建 Docker 或 rkt 容器和 systemd 单元来支持 NGINX 服务器，使用 fleet 将单元提交到集群，并且，基于单元文件(或者未提供选项)指定的任何

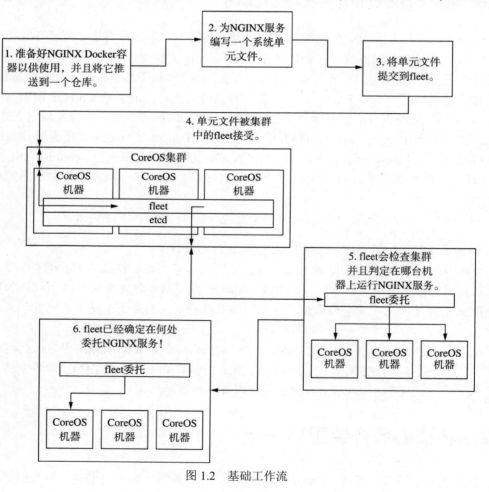

图 1.2　基础工作流

选项，fleet 将判定服务应该在哪台机器上运行。fleet 具有两个主要关注点：机器，也就是集群中的 CoreOS 结点(实际的物理服务器或者虚拟机)，以及单元，也就是它所管理的 systemd 单元。具体而言，单元就是 systemd 服务的普通文本配置；fleet 会围绕它们添加上下文并且通过 etcd 来分发它们。在本书的其余内容中，我将始终如一地使用这些术语。当然，这里还缺乏大量的细节，不过这就是 CoreOS 集群上所有任务正常运行的日常工作流。

我们从 CoreOS 中获得的许多好处都来源于此部署模式。可以在 fleet 中将单元提交到任何机器——它们全都处理完全相同的任务。如果一台机器变得不可达，那么 fleet 就会在另一台机器上运行 NGINX。如果想要运行至少两个 NGINX 实例，那么 fleet 就会根据参数来恰当地分发它们。fleet 是在整个集群中将服务的运行时维系在一起并且让 CoreOS 成为集群感知系统的黏合剂。

"但是剩下的呢？"读者可能会这样问。在一个集群中分发一个或多个进程并不是任务的全部，我们将在下一节中使用一个简要示例来更详细地进行研究。应该从中汲取的经验就是：假设 CoreOS 集群已经设置好并且正在运行(就像第 2 章中将探讨的那样)，并且 NGINX 服务器已经容器化了，那么要得到一个具有服务的容错、可扩展环境就会相对变得简单。

随着应用程序栈的复杂性增加，这些目标实现起来会变得更加复杂；但它们仍旧遵循这一基础模式，这对于使用许多可能的架构来说是足够通用的。我们将在第 3 章中开始研究更复杂的示例。

1.2.2 创建和运行服务

这个示例会假定，我们面临一项任务，需要建立一个网站并且运行在高度容错且高可用的 NGINX 上。我们将在本书后续内容中看到一些非常完整的示例，但这一初始的 CoreOS 运行方式的体验应该会让我们理解我们将要采用的能够在自身的应用程序以及本书介绍的实践示例和场景中取得成功的路径。

提示：这只是一次热身，并不是要用作我们将要构建的示例。我们从第 2 章才开始介绍开发环境的设置。

作为一个仅供阅读的示例，这仅仅是为了提供熟悉的术语和概念，以便我们能够在实践示例开始之前，基本理解 systemd、fleet、etcd 和 Docker 在 CoreOS 集群的舞台上共同协作的方式。它假定我们可能不具有的一些事项：使用 NGINX 配置构建的 Docker 容器，以及配置好的 CoreOS 集群。

首先，要开始熟悉集群的常用基础设施拓扑，如图 1.3 所示。这一设想的基础设施由三台 CoreOS 机器和一个负载均衡器构成。我们假设，该负载均衡器能够轮询配置的 RESTful API，这对于我们之后研究如何在集群中使用 etcd 发现服务来说会变得很重要。

图 1.3 示例集群

1.2.3 创建单元文件

fleet 使用 systemd 作为其 init 系统，以便管理和分发服务；systemd 也充当 fleet 收集状态和操作服务的入口。systemd 相对较新，但正如我们所知，它正在变成大多数流行 Linux 发行版本的标准。如果读者不熟悉 systemd 单元文件的话，请不要担心；对于让单元文件在 CoreOS 中生效而言，读者所必须了解的内容并不复杂，并且我们将在本书中逐渐学习更多与其有关的知识。

现在需要编写两个 systemd 单元文件模板：一个用于 NGINX，另一个用于 sidekick。sidekick 服务是一个 systemd 单元，它被绑定到实际的服务，并且会基于该服务的状态执行各种操作。sidekick 服务主要被用于服务发现，这样内部和外部的系统就可以理解服务的状态。并非总是需要 sidekick 单元，但如果一些东西最终要依赖通知或者服务的发现——在这个例子中，也就是负载均衡器——那么需要一个 sidekick 单元来负责该事务。

这里首先呈现一个 NGINX 模板单元，可以使用它来运行服务器容器。

代码清单1.1   NGINX单元文件：nginx@.service

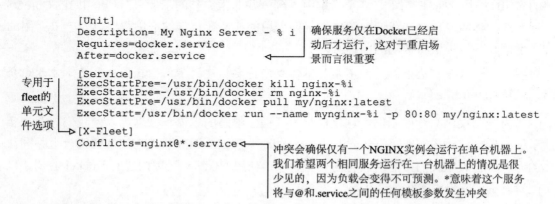

这样的一个单元文件被称为一个模板，因为它的文件名中具有一个@；它无法直接运行，但在@之后和.service 之前所添加的任何内容都会被插入到单元文件中出现%i 的任何位置。例如，如果单元文件被命名为 nginx@.service，并且使用像 fleetctl start nginx@1.service 这样的一个命令来启动服务，那么 fleetctl 就会知道使用该文件并且用 1 来替换该文件中的

所有%i。后面将介绍与该机制有关的更多内容，但这就是我们使用相同服务的多个实例来实现规模化服务的方式。

接下来，需要编写一个 nginx-sidekick 模板。

代码清单1.2　nginx-sidekick单元文件: nginx-sidekick@.service

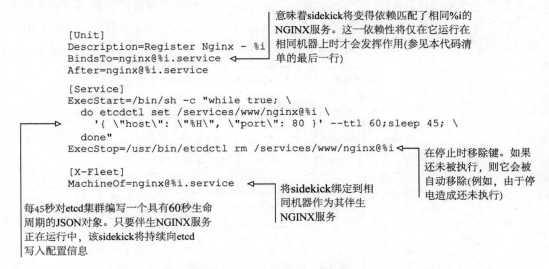

```
[Unit]
Description=Register Nginx - %i
BindsTo=nginx@%i.service  ◄──
After=nginx@%i.service

[Service]
ExecStart=/bin/sh -c "while true; \
  do etcdctl set /services/www/nginx@%i \
    '{ \"host\": \"%H\", \"port\": 80 }' --ttl 60;sleep 45; \
  done"
ExecStop=/usr/bin/etcdctl rm /services/www/nginx@%i  ◄──

[X-Fleet]
MachineOf=nginx@%i.service  ◄──
```

意味着sidekick将变得依赖匹配了相同%i的NGINX服务。这一依赖性将仅在它运行在相同机器上时才会发挥作用(参见本代码清单的最后一行)

在停止时移除键。如果还未被执行，则它会被自动移除(例如，由于停电造成还未执行)

将sidekick绑定到相同机器作为其伴生NGINX服务

每45秒对etcd集群编写一个具有60秒生命周期的JSON对象。只要伴生NGINX服务正在运行中，该sidekick将持续向etcd写入配置信息

现在，systemd 单元文件准备好了，并且可以在工作站上使用 fleetctl 注册它们:

```
$ fleetctl --tunnel=10.0.0.1 start nginx@1.service nginx-sidekick@1.service
```

可以选择要执行--tunnel 的任意结点，并且 fleetctl 将会自动将单元文件上传到集群(通过 SSH)以及在其中一个结点上启动它们。注意，在@之后放置了数字 1;fleetctl 足够智能，它知道这意味着其是一个 systemd 模板，并且将抓取正确的文件。

如果我们希望上传服务而不启动它们，则可以用 submit 替换 start。我们将在第 2 章和第 3 章中研究与 fleet 和 fleetctl 有关的更多细节。

服务现在就已经启动并且在运行中了，负载均衡器应该已经根据对 etcd 的观察选取了 NGINX 的运行位置。也可以使用 fleetctl 检查运行中服务的状态:

```
$ fleetctl --tunnel=10.0.0.1 list-units
  UNIT                        MACHINE            ACTIVE   SUB
  nginx-sidekick@1.service    22f78fd4.../10.0.0.1   active   running
  nginx@1.service             22f78fd4.../10.0.0.1   active   running
```

我们可能会看到，sidekick 的状态是 inactive，而 NGINX 的状态是 activating。所发生的事情是，Docker 正在首次下载映像层，因此需要花费几分钟来让这两者变成活动/运行中状态。由于 sidekick 被绑定到服务，因此只有在服务被正确启动后，它才会运行。

也可以查看 sidekick 服务器是否已经注册了 NGINX 服务器:

```
$ etcdctl get /services/www/nginx@1
{ "host": "core-01", "port": 80 }
```

我们将在第2章和第3章深入研究etcd;这差不多就是一个HTTP请求

既然服务和 sidekick 已经启动并且处于运行状态，那么我们就来看看故障转移是如何工作的。

1.2.4   服务拓扑和故障转移

集群中的服务(nginx@1)和 sidekick(nginx-sidekick@1)的状态目前看起来会像图 1.4 一样。如前所述，我们假定，通过为/services/www/nginx@1 访问 etcd 并且使用 JSON 响应来设置其自己的配置，负载均衡器就可以轮询 etcd。

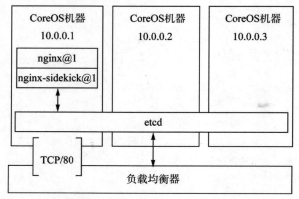

图 1.4   服务处于运行中的集群

我们来测试容错水平。假设有个新的实习生在数据中心中被绊倒了，并且碰掉了 10.0.0.1 机器的网线。一旦 fleet 意识到该机器掉线，则会发生图 1.5 所示的情形。

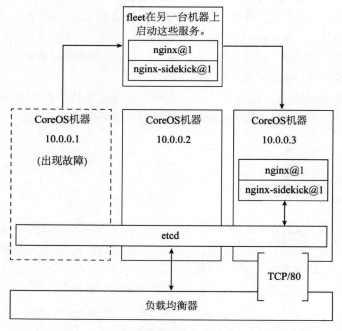

图 1.5   集群中有机器宕机

我们来逐步研究这一机器故障：

(1) fleet 通过 etcd 发现 10.0.0.1 掉线了。

(2) fleet 从 etcd 中的记录得知，nginx@1 及其 sidekick nginx-sidekick@1 曾运行在该机器上。

(3) fleet 在 10.0.0.3 上开启 nginx@1，然后开启 nginx-sidekick@1。

(4) nginx-sidekick@1 更新 etcd 中的信息，该信息表明了目前 nginx@1 运行的宿主机。

(5) 负载均衡器正在轮询所有的 etcd 端点，它将会基于新的 etcd 信息重新配置其自身。

正确配置了所有一切后，我们就有了一套稳固的故障转移解决方案；但就其本身而言，那并不算完美。简单的故障转移必然不是高可用的——我们仍旧可能面临中断的局面。我们需要什么呢？更多的服务！

一名合格的系统架构师清楚，不应混淆容量缩放和可用性缩放的概念；实际上，它们可能会被混为一谈，但我们绝不应该陷入该混淆的概念。这些概念在 CoreOS 中也得到了充实。添加相同类型的更多服务确实提升了容量，但其目标可能是为了提高高可用性(HA)。当我们进行规划时，要记得关注故障点并且将它们视为容量的可用性倍增器。将在第 4 章中开始研究容量和可用性规划。

如何才能让更多的服务生效？我们很幸运：已经通过制作 systemd 单元模板对这一目标进行了规划！使用 fleetctl 开启它们：

```
$ fleetctl --tunnel=10.0.0.1 start nginx@2.service nginx-sidekick@2.service
```

就这么简单！注意，没有修改 IP 地址，主要是为了揭示打通哪台宿主机并不重要。单元文件会告知 fleet，是否存在 NGINX 服务与其他任意 NGINX 服务的冲突，这样该服务就会自动运行在另一台机器上。

现在集群看起来就像图 1.6 一样，并且 fleetctl 会报告，更多的服务和 sidekick 正在运行：

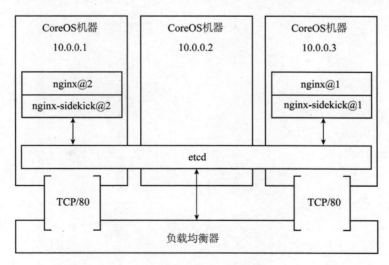

图 1.6　两台 NGINX

```
$ fleetctl --tunnel=10.0.0.1 list-units
UNIT                       MACHINE                 ACTIVE       SUB
nginx-sidekick@1.service   6c945e2e.../10.0.0.3    active       running
```

```
nginx-sidekick@2.service    22f78fd4.../10.0.0.1    active    running
nginx@1.service             6c945e2e.../10.0.0.3    active    running
nginx@2.service             22f78fd4.../10.0.0.1    active    running
```

　　如果其中任何一台机器出现故障，其服务将转移到集群中的另一台机器上，就像之前所描述的那样，并且我们不会面临中断的情况，因为负载均衡器仍将具有可以依靠的一个运行中服务。如果两台机器出现故障，那么——最好的情况是——我们将具有一半的容量处于运行中，因为我们将只有一个 NGINX 实例处于运行中。最坏的情况是，如果那两台机器正是运行这两个服务的机器，那么在其中一个服务在单台仍旧处于运行状态的机器上启动期间，我们将面临中断的情形。

　　正如之前讲过的，需要思考这种情况对于容量规划来说意味着什么，因为我们不希望在一个 NGINX 实例出现故障时过载 NGINX 的单个实例。当然，CoreOS 支持的机器数远大于三台；思考集群故障和容量的规划方式就是我们将在第 4 章和第 5 章中介绍的内容。

1.3　本章小结

- CoreOS 的基础组件由 etcd、fleet、systemd 和 cloud-config 构成：
  - etcd 维护配置和发现状态。
  - fleet 会在整个集群中调度服务。
  - systemd 被用作 init 系统。
  - cloud-config 会设置机器的初始化固定状态。
- systemd 单元文件和可选的 sidekick 都是由 fleet 来分发的，以便组成高可用的服务。
- 进行恰当的配置，容错能力就可以被内嵌到大多数已有系统中。

第2章   在工作站上开始研究

2

本章内容：

- 为 CoreOS 运行 Vagrant 环境
- 配置本地开发集群
- 开始使用 CoreOS 工具集

与设置编写软件的开发环境非常类似，在本地机器上运行 CoreOS 集群也是常见的做法。能够使用这一环境来尝试各种配置设置、集群选项，当然，还可以在真实的计算集群中启动单元文件之前尝试编写它们。这就赋予我们在不需要许多依赖项的情况下使用 CoreOS 的能力，以及在不需要影响其他任何方面的情况下完全发展壮大系统的能力。

在本书中，将使用机器上这一虚拟的本地集群作为工作区，并且使用它构建所有的示例应用程序栈，直到开始探讨 CoreOS 的生产部署为止。这将让我们以受到良好支持的方式深入研究 CoreOS，而不必处理常规基础设施的任何细节。

本章开头将介绍如何设置 Vagrant，一种常用的虚拟化工具，并且将 CoreOS 集群部署到其上。然后我们将研究一些与这一工作区交互的基础工具。最后，我们将着手处理第 1 章中将简单 NGINX 服务部署到新集群的示例，并且查看如何在 CoreOS 的上下文中与之交互。在本章结尾处，我们应该完成设置具有三个结点的集群，并且基本理解如何治理 CoreOS，这对于我们在本书后续内容中深入研究更复杂的示例将是必要的。

2.1　设置 Vagrant

Vagrant(www.vagrantup.com)是来自 HashiCorp 的一款开源工具，它可以为开发任务设置并且管理虚拟机。它对于一致的开发环境引导来说能发挥巨大作用；它是一款充当我们所选用的虚拟机管理程序的配置包装器的工具。从官方描述看，它支持 VMware 和 VirtualBox；在本书的所有示例中，我们都将使用 VirtualBox(www.virtualbox.org)，因为它也是开源并且免费可用的。

提示：本章是我分别为 Windows、OS X 和 Linux 提供指导的唯一一部分。在此之后，为了简单起见，我会假定我们的工作站上使用的是类 UNIX(UNIX-like)的 OS。还有一些在

Windows 上必须跳过的环节, 我将在本章后续内容中介绍它们。

> **其他的测试环境选项(AWS、GCE 等)**
>
> 在我们的工作站上运行开发环境并非绝对唯一的选项。有些人出于移动性的原因会选择将开发环境保持在云中, 或者在协作者之间共享一套开发环境, 或者使用一套更加接近生产环境的开发环境。尽管那些方式并不像使用本地集群一样容易或便利, 但 CoreOS 还是为在公共云提供商上进行设置提供了指南和资源, 并且最大限度地减少了可能的冲突。
>
> 可以在 https://coreos.com/os/docs/latest/#running-coreos 上找到官方支持的平台清单以及如何开始使用它们的说明。要牢记的是, 我们将在本书后续内容中探究一个完整的 AWS 生产部署。

　　提示: 本章中的所有命令行示例都具有两个可能的运行位置。如果示例命令以 host$ 开头, 那么它就是一个在工作站上运行的命令; 如果它以 core@core-01 ~ $(其中 01 可以是任意数字)开始, 那么意味着从 CoreOS 机器处运行。在 2.2 节中, 我们将看到如何使用借助 SSH 隧道的 fleetctl; 本书后续以$开头的命令行示例会假定我们正在使用这一隧道, 这种情况下, 是在本机还是在 CoreOS 结点上运行该命令就无关紧要了。

2.1.1　需求和设置

　　理想情况下, 我们是在 x86 上运行 64 位版本的 Windows、Linux 或者 OS X。很可能在 ARM 或者 32 位版本上是可以运行 CoreOS 的, 但 CoreOS 仅支持 x86 上的 64 位系统, 并且我不希望介绍在虚拟托管机器上使用另一种架构所带来的性能和可用性影响。如果读者正在使用 Windows 以外的系统, 那么本书的示例也将更易于读者练习, 因为读者可以在本地工作站上运行一些工具。我还没有在 Windows 10 运行时中使用新的 Ubuntu 来尝试运行这一示例: 它可能会为 Windows 用户提供一种较简单的环境。

　　我们还想要至少 3GB 内存可用于运行 VM(每台 VM 1 GB)。也可以使用更少的内存, 但 3GB 就是我对于这些示例的假设前提。读者可以调整 VM 使用更少的内存, 或者接受过度分配 VM 内存所带来的性能影响(这意味着宿主机将开始交换内存空间)。我还建议使用四核 CPU, 但这对于此设置来说并没有那么重要。我们要为每一台 VM 分配一个 CPU, 但此处的过度分配不应造成巨大影响。当然, 最大的性能瓶颈会是 I/O; 如果为此我们可以使用固态驱动器, 那么它将极大地增强我们的体验。

　　我们设置和运行的第一步就是安装 VirtualBox。可以从 www.virtualbox.org 获得合适的 VirtualBox 的 64 位版本; 如果满足其授权许可要求的话, 也可以选择安装 Oracle VM VirtualBox 扩展包, 但这并不是必须要安装的。另外, 我们可以从所使用的任何包管理器(APT、Homebrew 等)中安装 VirtualBox。其安装在任何 OS 上都应该是很简单的。我们可能需要重启系统。

　　接下来, 我们需要安装 Vagrant。同样是相同的过程: 从 www.vagrantup.com 处获得安装包(64 位), 或者使用 OS 的包管理器进行安装。在编写本书时, VirtualBox 和 Vagrant 包的最新版本(VirtualBox 5.0 和 Vagrant 1.8)都远远超过 CoreOS 所需要的最小版本。

　　我们还需要安装 Git 以便克隆 coreos/coreos-vagrant 仓库。这应该可以通过 OS 的包管理器来获得(或者，在某些情况下是已经安装好的)。对于 Windows 来说，最简单的选项——如果读者还不熟悉 Git 并且使用其他一些客户端的话——就是从 https://desktop.github.com 处安装 GitHub 的桌面客户端。也可以在 OS X 中使用它，但 OS X 中本身就提供了命令行 Git。我们不需要大量的 Git 经验；只需要一个命令来进行设置和运行。

读者还需要抓取本书的代码库。尽管大部分代码清单(就像大多数技术类书籍一样)最好都是自行输入并提交到内存而非复制粘贴，但后续章节中存在一些非常长的清单，读者应该从仓库中直接使用它们。该代码库位于 www.manning.com/books/coreos-in-action。

2.1.2　设置 Vagrant 并且运行它

现在我们已经把所有需要的包都安装好了，我们来看看在完成本节内容之后，所有一切是如何适配到一起的(参见图 2.1)。我们的开发集群将由三台运行在 VirtualBox 中的 CoreOS 机器构成(core01–03)。

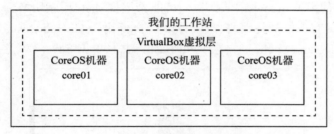

图 2.1　工作站配置

1. 克隆 Vagrant 仓库

在工作站上执行以下步骤：

(1) 在文件系统的某个位置，git clone CoreOS 的 Vagrant 仓库(coreos/coreos-vagrant)。这是 OS X 或 Linux(或者仅适用于 Windows 命令行)上的命令：

```
host$ git clone https://github.com/coreos/coreos-vagrant.git
```

(2) 在 Web 浏览器中，导航到 https://github.com/coreos/coreos-vagrant(参见图 2.2)。单击 Save to Desktop，将会打开桌面客户端的克隆窗口。

图 2.2　在 GitHub Desktop 中打开该仓库

(3) 选择一个要克隆该仓库的目录，并且单击 OK(参见图 2.3)。

图 2.3　选择一个要保存该仓库的路径

(4) 如果正在使用 Windows，那么我们可能希望将 shell 程序切换到 Git Bash：一旦进入 CoreOS，它将具有更好的终端兼容性。为此，打开用于 GitHub Desktop 的选项(如图 2.4 所示)；然后，在 Default Shell 下，选择 Git Bash，并且单击 Save(参见图 2.5)。

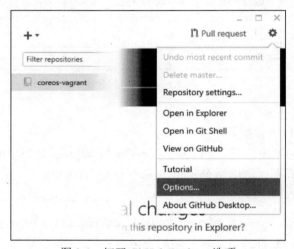

图 2.4　打开 GitHub Desktop 选项

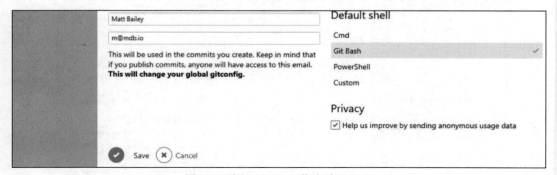

图 2.5　选择 Git Bash 作为默认 shell

2. 编辑 Vagrant 的设置

现在所有一切已下载好了，我们可以看看如何为 CoreOS 开发环境配置 Vagrant：

(1) 复制几份样本配置文件并且重命名：将 user-data.sample 复制为 user-data(不带扩展名)，并将 config.rb.sample 复制和重命名为 config.rb。

(2) 打开 config.rb，这样我们就能修改一些参数以便正确设置 Vagrant 并且让它运行起来。在前几行上，我们会看到以下内容：

```
# Size of the CoreOS cluster created by Vagrant
$num_instances=1
```

为了告知 Vagrant(通过 Vagrantfile 配置文件)开启三个 CoreOS 实例，需要像下面这样修改变量：

```
# Size of the CoreOS cluster created by Vagrant
$num_instances=3
```

集群配置

所有示例都将显示出集群配置中 CoreOS 的好处，并且三台机器是 etcd 集群的最小数量。如果资源受限于桌面计算机，则可以选择仅开启一个实例，但要理解，这样做很可能不会得到 CoreOS 如何在规模化上管理事务的良好体验。

一旦我们熟悉了该平台，那么单一实例对于开发环境来说就够用了，但是我强烈建议使用集群配置来学习所有 CoreOS 特性。

(3) 我们可能还希望稍稍调整 config.rb 中的其他一些设置。可以取消注释并且修改该文件结尾处的 CPU 和内存设置：

```
# Customize VMs
#$vm_gui = false
#$vm_memory = 1024
#$vm_cpus = 1
```

我们也可以从宿主机跨 VM 共享一些文件系统。我不会详细讲解这一任务，但这对于不太习惯使用命令行编辑器来构建单元文件的 Windows 用户来说可能是有用的。

3. 开始使用 shell 程序

接下来，打开一个 shell 会话以便与 Vagrant 交互。如果正在使用 GitHub Desktop 客户端，则可以右击 coreos-vagrant 仓库并且单击 Open in Git Shell(参见图 2.6)，这样就能在 Git 仓库中进行交互了。这样做会打开图 2.7 中所示的 shell。

此时，已经完成了第 8 章开始探讨 Amazon Web 服务之前的屏幕截图。所有的命令都是跨平台相同的——Vagrant 对于标准化这类开发环境而言是很棒的。

右击，并且选择Open in Git Shell

图 2.6　使用 GitHub Desktop 打开 Git shell

图 2.7　Git Bash shell

2.1.3　让 CoreOS 集群在 Vagrant 中运行

现在准备好启动集群了。如果读者必须选择单实例部署，则要注意，其输出看起来会有些许不同，但命令都是相同的。

开始使用 Vagrant 吧！在 shell 中具备了 coreos-vagrant 仓库作为当前的工作目录后，运行这个命令：

```
host$ vagrant up
```

我们将看到一连串事情的发生，看起来会像这样：

```
Bringing machine 'core-01' up with 'virtualbox' provider...
Bringing machine 'core-02' up with 'virtualbox' provider...
Bringing machine 'core-03' up with 'virtualbox' provider...
==> core-01: Importing base box 'coreos-alpha'...
...etc
```

一旦操作完成，通过登录到其中一台机器并且使用 fleetctl 检查该集群，就可以验证所有一切是否正常启动运行了：

```
host$ vagrant ssh core-01
CoreOS alpha (928.0.0)
core@core-01 ~ $ fleetctl list-machines
MACHINE       IP              METADATA
45b08438...   172.17.8.102    -
cac39fc1...   172.17.8.101    -
cf69ccab...   172.17.8.103    -
```

由于这是我们第一次连接到该结点，因此可能必须接受一个SSH主机密钥，大家都应该很熟悉它了

如果出现某些问题或者发生意外中断，那么总是可以运行 vagrant destroy 来重新开始。

如果看到三台机器，则表示已经完成了！现在我们有了 CoreOS 机器的本地集群。

　　提示：重要的是，要记住，我们必须停留在 Vagrantfile 所在的目录中，以便与 Vagrant 机器交互。一旦在 shell 中切换目录，那么像 vagrant ssh 这样的工具就无法工作了。

2.2　用于与 CoreOS 交互的工具

　　CoreOS 机器的 Vagrant 集群已经启动并且处于运行中，是时候学习 CoreOS 交互所需的工具了。CoreOS 使用 Bash shell，并且我将假定读者已经像 SSH 那样熟悉它的使用了。

　　这一节将介绍使用 CoreOS 的必需工具：fleetctl 和 etcdctl。我们还将探访 Toolbox，它被用于在一种更为熟悉的 Linux 管理环境中调试可能遇到的任何问题；并且我们将介绍，相较于熟悉 Linux 管理的读者而言，CoreOS 可能表现出的不同之处。

关于编辑器的提示

　　我们都应该知道，Vim 是 CoreOS 上安装的唯一编辑器。归根结底，我们的工作流并不会涉及直接在 CoreOS 上编辑文件，但出于学习 CoreOS 运行机制的目的，我们需要一些方法来得到集群上的 systemd 单元文件。

　　如果我们确实不希望使用 Vim，那么此处是一些选项：

● 正如上一节中所提及的，我们可以告知 Vagrant 挂载一些宿主机的目录，然后我们可以使用偏好的编辑器来编写文件(Windows 用户要注意行结束符)。

● CoreOS 附带了 Git，所以我们可以将文件放入一个仓库中并且将它们推送和拉取到我们的实例。

● 在本章后续内容中，我们将看到如何使用 CoreOS Toolbox，它允许我们在挂载了 CoreOS 文件系统的 Docker 容器中安装各种软件包。

● 如果正在使用 Linux 或者 OS X，那么当我们在宿主机上安装 fleetctl 和 etcdctl 时，它们可以远程运行(通过 SSH)。我们将在下一节中研究这一点。

　　在我们学习 CoreOS 的基础知识时，本书会假定我们正在直接(使用 Vim)编辑该沙盒上的一些文件，因为这是最通用的选项。显然，我们会希望设置一套更为正式的工作流，以便在生产环境和团队中使用 CoreOS；我们将在本书后续内容中研究这一点。

　　fleetctl 和 etcdctl 将是 CoreOS 中最常用到的工具。它们并不特别难于使用，但我们希望熟知它们是如何运行以便在 CoreOS 集群中执行任务的。稍微复习一下：fleet 是 CoreOS 的分发调度器；它会判定何时、何处以及如何在集群中运行我们的容器。它充当着 systemd 的协调器，并且表示了集群中的服务状态。例如，fleet 和 systemd 会一起判定多少台以及哪几台机器运行一个 NGINX 服务。etcd 是 CoreOS 的分布式配置存储；它为我们提供了管理和检查集群配置状态的一致位置。这两个系统让 CoreOS 能够顺利运行，并且它们是我们可以利用 CoreOS 所提供功能的基础。

　　在开始研究这些工具之前，使用 fleet 和 etcd 的最简便方式就是从宿主机上使用它们，而非必须在执行任何任务之前直接通过 ssh 连接到 CoreOS 结点。但这仅适用于非 Windows 的 OS(不过我还没有在新的 Ubuntu Windows 10 运行时上尝试这样做)。我们可以使用所选用的包管理器来安装这些工具,但我建议特别将 Homebrew 用于 OS X 或者将 Linuxbrew 用于 Linux,这样我们就必定会拥有最新版本——有些包管理器不会保持这些工具的最新发行版本。明确一下:我们是在安装这个软件,这样我们就能在工作站上使用 fleetctl 和 etcdctl,但其目的并非是在我们的工作站上运行 fleetd 和 etcd 守护程序。

2.2.1 fleetctl

就像 fleet 的客户端应用程序一样,fleetctl 为我们提供了针对集群的服务状态的管理。它还管理着 systemd 单元文件的分发。正如之前所提及的,我们将在一台 CoreOS 机器上使用 fleetctl;但我们也可以借助 SSH 隧道来远程使用它。借助隧道使用 fleetctl 需要对 SSH 进行一些预配置。

我们可以选择两个选项之一来将远程 fleetctl 用于 Vagrant 集群。如果已经在运行 ssh-agent,那么最佳选项是:

```
host$ ssh-add ${HOME}/.vagrant.d/insecure_private_key ◄
```
如果正在使用OS X,那么我们可能希望将-K添加到ssh-add,否则我们就必须为每一次重启添加它

此外,如果你正在使用 ssh-agent,则要确保我们正在将代理套接字转发到远程主机。在~/.ssh/config 文件中,它看起来应该像这样:

```
Host *          ◄── 我们可以将此锁定到core-*,如果我们希望这样做的话
  ForwardAgent yes
```

一旦我们已经通过 ssh 进行了处理,那么这会确保我们的代理在 CoreOS 机器中可用,因此它就可以使用相同的代理与另一台 CoreOS 机器通信。如果没有使用 ssh-agent,则可以将 Vagrant 的 SSH 配置添加到本地 SSH 配置:

```
host$ vagrant ssh-config core-01 >> ~/.ssh/config
```

我们还需要发现 Vagrant 将哪个端口分配给主机上的 SSH(它几乎总是以 2222 开头):

```
host$ vagrant port core-01
The forwarded ports for the machine are listed below. Please note that
these values may differ from values configured in the Vagrantfile if the
provider supports automatic port collision detection and resolution.
  22 (guest) => 2222 (host)
```

现在我们应该能够手动针对 CoreOS 结点执行 ssh 了:

```
host$ ssh -p2222 core@127.0.0.1
CoreOS alpha (928.0.0)
core@core-01 ~ $
```

我们应该还能够借助一个隧道使用 fleetctl:

```
host$ fleetctl --tunnel=127.0.0.1:2222 list-machines
The authenticity of host '[127.0.0.1]:2222' can't be established.
RSA key fingerprint is ac:d5:6a:3f:ea:b3:47:b4:8b:74:79:09:a7:f4:33:f2.
Are you sure you want to continue connecting (yes/no)? yes
MACHINE       IP              METADATA
45b08438...   172.17.8.102    -
cac39fc1...   172.17.8.101    -
cf69ccab...   172.17.8.103    -
```

fleetctl会维护一个来自SSH配置的
单独、受信的主机文件，通常位于
~/.fleetctl/known_hosts中

我们还可以导出该隧道的环境变量(如果我们希望少输入一些)：

```
host$ export FLEETCTL_TUNNEL=127.0.0.1:2222
```

我们已经在一些示例中使用了 list-machines 来验证集群是否在正常运行。我们会在
list-machines 的输出中看到，一个唯一的哈希值就代表集群中的一个特定结点；如果我们
希望看到完整的 ID，则可以将--full 附加到 list-machines。我们也可以基于该简短哈希值进
行特定于机器的操作，比如 fleetctl ssh cac39fc1，它将通过 ssh 连接到该特定机器。

我们来看看 fleetctl 是如何与单元文件交互的。我们首先从第 1 章中的简单示例开始：
一台 NGINX 服务器。以下代码清单稍微修改了该示例以便使用一个实例。

代码清单2.1　单个NGINX单元：code/ch2/nginx.service

```
[Unit]
Description=My Nginx Server
Requires=docker.service
After=docker.service

[Service]
ExecStartPre=-/usr/bin/docker kill mynginx
ExecStartPre=-/usr/bin/docker rm -f mynginx
ExecStartPre=/usr/bin/docker pull nginx:latest
ExecStart=/usr/bin/docker run --rm --name mynginx -p 80:80 nginx:latest
```

此前两行ExecStartPre会确保我们具有干净
的运行时。systemd中在=号之后以-开头的
ExecStartPre行不会造成该单元失败，如果
它们无法成功执行的话。如果我们省略-，
那么这个命令就必须以一个0来退出

Docker运行
时命令

一旦我们保存它，就会具有一些选项可用。fleetctl 具有一些命令，这些命令实际上是
一些相关命令的别名。

要以某种方式开启一项服务，可以使用以下命令：

- submit - fleetctl submit <unit file>会将单元文件上传到集群。
- load - fleetctl load <unit file>会将单元提交(按需)并且分配到一台机器。
- start - fleetctl start <unit file>会在合适的机器上提交(按需)、加载(按需)并且开启
  服务。

大多数时候，我们都希望使用 start。但如果我们希望查看单元将在何处开启，而不要
实际开启它们，那么 load 就会很有用了；如果我们仅希望更新单元文件，然后在后续的时
间点再重启该服务的话，则可以方便地使用 submit。

提示：fleetctl 会在$HOME/.fleetctl/known_hosts 中维护其自己的 SSH known_hosts 文件。
因此，如果我们曾经销毁过 Vagrant 集群，那么新的主机现在就可能运行在相同的 IP 上，
而这可能会抛出一个 known-hosts 错误。请清空这个文件。

为简单起见，我们可以使用 start 来开启服务，不过我们也可以根据需要随时使用其他
两个命令：

```
core@core-01 ~ $ fleetctl start code/ch2/nginx.service
Unit nginx.service inactive
Unit nginx.service launched on 45b08438.../172.17.8.102
```

接下来，我们来看看如何检测与当前状态有关的一些信息。我们可以检查的第一项内容就是集群中所有单元的状态：

```
core@core-01 ~ $ fleetctl list-units
UNIT            MACHINE                      ACTIVE SUB
nginx.service   45b08438.../172.17.8.102     active running
```

这表明，NGINX 已经在机器 45b08438 上成功开启了。我们也可以检测该服务的状态：

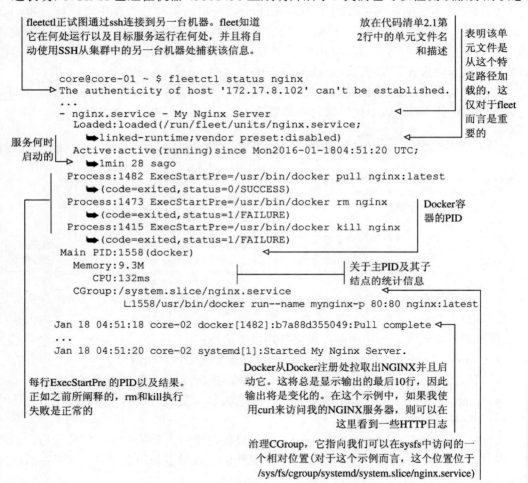

fleetctl正试图通过ssh连接到另一台机器。fleet知道它在何处运行以及目标服务运行在何处，并且将自动使用SSH从集群中的另一台机器处捕获该信息。

放在代码清单2.1第2行中的单元文件名和描述

表明该单元文件是从这个特定路径加载的，这仅对于fleet而言是重要的

```
core@core-01 ~ $ fleetctl status nginx
The authenticity of host '172.17.8.102' can't be established.
...
- nginx.service - My Nginx Server
   Loaded:loaded (/run/fleet/units/nginx.service;
      linked-runtime;vendor preset:disabled)
   Active:active(running) since Mon2016-01-1804:51:20 UTC;
      1min 28 sago
  Process:1482 ExecStartPre=/usr/bin/docker pull nginx:latest
      (code=exited,status=0/SUCCESS)
  Process:1473 ExecStartPre=/usr/bin/docker rm nginx
      (code=exited,status=1/FAILURE)
  Process:1415 ExecStartPre=/usr/bin/docker kill nginx
      (code=exited,status=1/FAILURE)
 Main PID:1558(docker)
   Memory:9.3M
      CPU:132ms
   CGroup:/system.slice/nginx.service
            L1558/usr/bin/docker run--name mynginx-p 80:80 nginx:latest

Jan 18 04:51:18 core-02 docker[1482]:b7a88d355049:Pull complete
...
Jan 18 04:51:20 core-02 systemd[1]:Started My Nginx Server.
```

服务何时启动的

Docker容器的PID

关于主PID及其子结点的统计信息

每行ExecStartPre 的PID以及结果。正如之前所阐释的，rm和kill执行失败是正常的

Docker从Docker注册处拉取出NGINX并且启动它。这将总是显示输出的最后10行，因此输出将是变化的。在这个示例中，如果我使用curl来访问我的NGINX服务器，则可以在这里看到一些HTTP日志

治理CGroup，它指向我们可以在sysfs中访问的一个相对位置(对于这个示例而言，这个位置位于/sys/fs/cgroup/systemd/system.slice/nginx.service)

提示：尽管 fleetctl 状态显示大量信息这一点是很棒的，但操作/run/fleet/和/sys/fs/cgroup/中的文件完全超出了本书的范畴，并且也超出了通常的管理 CoreOS 的范畴。如果我们发现自己出于任何原因，在自我学习和探究之外需要使用这些文件来做一些事情，那么我们很可能会发现后续的工作将变得难以维护。

我们来看看如何才能使用这一信息。首先，我们进入 core-02，这是服务运行的位置。

fleetctl ssh 具有一个便利的特性，它可以让我们直接传递服务名称来通过 ssh 连接到一台主机，这样我们就不必过于关心集群的 IP 或机器 ID：

```
core@core-01 ~ $ fleetctl ssh nginx
Last login: Mon Jan 18 04:58:52 2016 from 172.17.8.101
CoreOS alpha (928.0.0)
core@core-02 ~ $
```

现在，我们可以用 curl localhost 查看 NGINX 服务器：

```
core@core-02 ~ $ curl -I localhost:80                 ◄─── 对运行中的HTTP服务器进行
HTTP/1.1 200 OK                                             简单请求
Server: nginx/1.9.9
...

core@core-02 ~ $ fleetctl status nginx | tail -n 5         查看fleetctl状
Jan 18 04:51:20 core-02 docker[1482]: 407195ab8b07: Pull complete   态的后10行
Jan 18 04:51:20 core-02 docker[1482]: Digest:          ◄───
  ➡sha256:f732c04f585170ed3bc991e06404bb92504a1d25bfffa0aefd44279f35d1430c
Jan 18 04:51:20 core-02 docker[1482]: Status:
  ➡Downloaded newer image for nginx:latest             这就是curl
Jan 18 04:51:20 core-02 systemd[1]: Started My Nginx Server.  请求
Jan 18 05:06:45 core-02 docker[1558]: 10.1.55.1 - -
  ➡[18/Jan/2016:05:06:45 +0000] "HEAD / HTTP/1.1" 200 0 "-" "curl/7.43.0" "-"
```

提示：如果 fleetctl status nginx 命令由于 SSH_AUTH_SOCK 相关的一些问题而失败，那么可能是由于我们没有将 ForwardAgent yes 添加到 SSH 配置。

另一个非常好的信息化特性就是日志访问。大家可能知道，systemd 使用了日志化记录，它具有不会用日志填满文件系统的好处。作为内行，我确信，大家绝不会面临文件系统被日志文件充满而导致服务器宕机的情况。fleet 拥有从任意结点对这一日志的完全访问权限，以及我们过去所惯于使用的 tail -f 来追踪日志的能力：

```
core@core-01 ~ $ fleetctl journal -f nginx
-- Logs begin at Sun 2016-01-17 20:48:02 UTC. --
Jan 18 04:51:20 core-02 docker[1482]: 38267e0e16c7: Pull complete
Jan 18 04:51:20 core-02 docker[1482]: 407195ab8b07: Pull complete
... etc
```

现在，我们可以移除服务。类似于启动服务，我们有相同的一组完整命令可用：stop、unload 与 destroy。destroy 会同时停止和卸载，并且完全移除服务文件，而 unload 会同时停止和卸载服务。我们依次来看看这些命令以便更好地理解这些状态。

此处，NGINX 服务已经被加载但还未运行：

```
core@core-01 ~ $ fleetctl stop nginx
Unit nginx.service loaded on 45b08438.../172.17.8.102
core@core-01 ~ $ fleetctl list-units
UNIT            MACHINE                          ACTIVE    SUB
nginx.service   45b08438.../172.17.8.102 failed     failed
```

接下来，会从 fleet 的注册表中删除 NGINX 服务，但其单元文件仍旧可用：

```
core@core-01 ~ $ fleetctl unload nginx
Unit nginx.service inactive
core@core-01 ~ $ fleetctl list-units
```

```
UNIT MACHINE ACTIVE SUB
core@core-01 ~ $ fleetctl list-unit-files
UNIT            HASH      DSTATE      STATE      TARGET
nginx.service   fbf621b   inactive    inactive   -
```

最后，NGINX 服务会被完全销毁：

```
core@core-01 ~ $ fleetctl destroy nginx
Destroyed nginx.service
core@core-01 ~ $ fleetctl list-unit-files
UNIT    HASH       DSTATE     STATE     TARGET
core@core-01 ~ $
```

现在我们应该习惯于 fleetctl 的运行机制并且已经理解了如何访问使用和管理 CoreOS 中服务所需的信息。回顾一下，我们已经完成了以下任务：

- 为 NGINX 创建了一个简单的 systemd 单元文件
- 将该单元文件部署到我们的 CoreOS 集群
- 学习了如何从服务中提取信息
- 从集群中移除了该 NGINX 服务

接下来，我们可以继续研究集群状态的另一块至关重要的部分：etcd！

2.2.2　etcdctl

etcdctl 是用于操作 etcd 的用户端工具。顾名思义，它是存储集群级别配置的守护程序。我们可以使用 etcdctl 做一切处理，也可以使用 curl 来完成；它仅仅围绕访问和修改信息提供了一个友好封装。

etcd 集群可用于 CoreOS 集群中的任何机器。我们可以让它在一个运行中容器内生效，但应该理解这样做的安全性影响。etcd 的最新版本具有基于角色的基础访问控制(RBAC)，以便允许和限制某些子命令的运行；我们将在本书后续内容中更加深入地研究 etcd 的配置。对于目前而言，我们来看看将 etcdctl 用于服务注册和发现的基础知识，这也是最常使用的场景。

我们首先可以递归式探究 etcd 目录：

```
core@core-01 ~ $ etcdctl ls --recursive /          最上层的coreos.com/键是由
/coreos.com                              ◁─────    etcd和CoreOS填充和管理的
/coreos.com/updateengine                 ◁─
/coreos.com/updateengine/rebootlock                coreos.com/updateengine键包含
/coreos.com/updateengine/rebootlock/semaphore      滚动获取CoreOS升级过程的信
/coreos.com/network                      ◁─        号(我们将在第3章中研究该升
/coreos.com/network/config                         级过程)
/coreos.com/network/subnets
/coreos.com/network/subnets/10.1.42.0-24
/coreos.com/network/subnets/10.1.55.0-24           coreos.com/network键包含基
/coreos.com/network/subnets/10.1.16.0-24           础的网络信息
```

我们可以获得这些端点中的任何一个，并且它们将返回相同的 JSON：

```
core@core-01 ~ $ etcdctl get /coreos.com/network/config
{ "Network": "10.1.0.0/16" }
core@core-01 ~ $ etcdctl get /coreos.com/network/subnets/10.1.42.0-24
{ "PublicIP": "172.17.8.103" }
```

这一路径对于大家而言可能有些不同之处，因此，如果我们希望尝试一下的话，则要看看上一个示例的命令输出

读者可能已经发现了，此信息中的一部分对于像负载均衡器和集群外的网络配置这样的任务而言会多么有用。

就像使用 etcdctl 获取信息一样容易，我们也可以设置信息：

```
core@core-01 ~ $ etcdctl set /foo/bar '{ "baz": "quux" }'
{ "baz": "quux" }
```

我们也可以对任何值设置一个生存时间(TTL)：

```
core@core-01 ~ $ etcdctl set --ttl 3 /foo/bar '{ "baz": "quux" }'; \
> sleep 1; \
> etcdctl get /foo/bar; \
> sleep 3; \
> etcdctl get /foo/bar
{ "baz": "quux" }
{ "baz": "quux" }
Error: 100: Key not found (/foo/bar) [24861]
```

从第 1 章开始我们就应该记得，sidekick 示例使用了 60 秒的 TTL，这样我们就能在再次设置值之前，让这个值存留得稍微比循环休眠时间更长一些。在像负载均衡器健康检查这样的任务运行时，或者对于我们希望某些类型的失败在特定状态保持多长时间而言，微调这个值对于配置来说是很重要的。

etcdctl watch 和 watch-exec 也可用于以创造性方式来监控和设置活动服务的配置。我们将在本书后续内容中更为详细地研究如何使用这些特性。后续我们还将更为深入地研究 etcd 的配置；就目前而言，知晓这些基础命令就足以让我们开始实践了。正如大家所看到的，etcd 有一个具有很大潜力的用于分布式配置的简单接口。默认情况下，针对集群运行的任何查询都将确保在返回数据前数据处于同步状态，因此它就确保了高于一切的一致性和准确性。

etcdctl 和 fleetctl 是特定于 CoreOS 的工具，我们在任何时候都要使用它们。不过我相信大家也知道，一整套 Linux 工具和命令都可用于在操作系统中执行各种任务。这就是 Toolbox 发挥作用的地方。

2.2.3　Toolbox 容器

CoreOS 具有一套成为一个非常静态的系统的严格的思想体系。它并没有自带安装包管理器，并且我们绝不应该依赖本地文件系统来保留信息；etcd 和 fleet 是我们存储任何类型状态的唯一地方。但有时我们需要在集群内调试一些东西——例如，我们需要运行 nmap 来尝试弄明白为何我们不能从 CoreOS 访问网络上的另一台主机。

这就是 Toolbox 发挥作用的地方。实质上，Toolbox 是一个基础的 Fedora Linux Docker 容器，我们可以在其中安装和使用我们习惯使用的所有工具，以便进行管理。可以像下面

这样安装和使用 Toolbox:

```
core@core-01 ~ $ toolbox            ◄──────  在终端中下载Toolbox Docker
...                                           容器并且执行它
latest: Pulling from library/fedora
Spawning container core-fedora-latest on /var/lib/toolbox/core-fedora-latest.
Press ^] three times within 1s to kill container.
[root@core-01 ~]# dnf install nmap   ◄──────  现在我们位于一个Fedora Linux容器
...                                            中并且可以使用dnf安装nmap
Complete!
root@core-01 ~]# nmap -p80 google.com  ◄──────

Starting Nmap 7.00 ( https://nmap.org ) at 2016-01-18 06:54 UTC
...
80/tcp open   http

省略了通常的dnf安装输出                        现在我们可以像平常
                                              那样使用nmap
```

此外，我们的整个文件系统都被挂载到 Toolbox 容器内。因此，如果我们希望安装并使用 Emacs 来编辑核心主目录中的文件，则会发现它挂载在/media/root 中:

```
core@core-01 ~ $ toolbox
Spawning container core-fedora-latest on /var/lib/toolbox/core-fedora-latest.
Press ^] three times within 1s to kill container.
[root@core-01 ~]# touch /media/root/home/core/fromtoolbox
[root@core-01 ~]# logout
Container core-fedora-latest exited successfully.
core@core-01 ~ $ ls
fromtoolbox
```

不过，要记住，尽管我们的 Toolbox 会在机器生命周期中持续存在，但一次更新就会破坏我们在那里保存的所有内容。所以仅将它用于调试就好。要抵御住将 Toolbox 用于需要其持续存在的任何内容服务或任务执行的诱惑。

> **关于 Toolbox 的提示**
>
> 不要忘记，Toolbox 映像将占据大约 200 MB 磁盘空间，相较于开始使用的 CoreOS 的大小而言，这是相当巨大的。我们总是可以使用 docker rmi fedora 来完全清除它。
>
> 不过，要记住，在 CoreOS 中使用 Toolbox 的目标在于，我们仅需要在开发或重大的调试需要时才使用 ssh 连接到一台机器。如果读者发现自己正在频繁使用 Toolbox 或者将其用于一些重复任务，那么读者可能就需要考虑如何才能使用 etcd 和 flee 自动化任务。

2.2.4　Linux 管理员的概念转换

鉴于我们可能会在其中使用 Toolbox 的环境(例如，仅用作实用工具，而非工作站环境)，Linux 管理员面临的一些概念转换可能很明显。根据设计，在 CoreOS 中没有提供任何包管理器，并且，从主机上的一个终端会话在 OS 中进行查找也并非我们应该做或者必须定期做的事情。我们应该将任意指定机器的任意特定文件系统上的所有数据视作其本身就是瞬时且不重要的。如果我们已经习惯使用公共的云系统，那么这可能就不会有太多的障碍。

1．思考数据持久化

处理瞬时状态可能会有点棘手，并且我确信大家首先会思考，"那么我要如何处理数据库？"其答案有些复杂，并且取决于我们正在使用的技术。有些数据系统会在其自身设计范畴内处理这一架构(Elasticsearch、Riak、Mongo 等)，而其他一些则可能需要一些帮助(比如 PostgreSQL)。作为通用的准则，在这里支持横向扩展的软件将比不支持横向扩展的软件更易于实现。对于后者而言，我们将在本书后续内容中研究一些已有的解决方案。

2．传统的用户管理和 OS 配置

由于我们几乎不会通过 ssh 连接到一台机器来执行任何管理任务，因此我们也会发现，我们不需要过于关注 CoreOS 中的用户和权限管理。如果我们发现的确需要执行此类任务，那么这也是可以做到的，但可以预见我们的 cloud-config 将变得更加复杂。

我们还将注意到欠缺一般意义上的配置管理。我在第 1 章中大致介绍过这一点，但初始化状态总是由 cloud-config 定义的。超出此初始化状态之外，并没有太多的事情可做，除非我们正在本地测试集群中进行调试或者测试，因而不需要传统的配置管理套件(Puppet、Chef 等)。对于我们来说，设置 cloud-config 来引导 Chef 是完全可行的，但 CoreOS 的主旨并非是在机器启动后变更它的状态，并且这样做是没什么意义的。

3．更新和通用系统管理

大家可能正在思考的常规系统管理的另一个方面就是更新。配置管理或者我们必须设置的一些内容可能已经成为保持系统大规模化的首选；那么使用 CoreOS 要怎样做呢？

如果我们遵循本章的指导自下而上地构建开发集群，并且它已经在我们的工作站上运行了几天，如果我们非常擅长观察的话，可能就已经注意到了，当我们使用 ssh 连接到一台机器时，登录消息发生了变化：例如，从 CoreOS alpha (928.0.0)变更为 CoreOS alpha (933.0.0)。或者，我们可能会发现，机器的在线时长并不匹配我们所知道的这一集群已经运行的时长。CoreOS 会自我更新。它通过在"B"分区安装新版本并且一次重启集群中一台机器的方式来进行更新。这个方法解决了更新管理的许多问题，并且它也是一个可调整的过程，我们将在后续内容中更为深入地研究这一点。

2.3　本章小结

- CoreOS 正式地支持和维护运行开发环境的工具，这些工具可以通过 GitHub 获取。
- 一个 CoreOS 虚拟化的开发环境提供了一个沙盒，我们能够在其中模拟可以在 CoreOS 生产部署中进行的任何处理。
- 我们可以使用这个环境来测试和调试新的 systemd 单元文件，这样我们就能及早发现问题。
- 使用 etcd，我们就能在服务以及任何外部系统之间建立一致性集成。
- 有了开发集群，我们就能建立 fleet 分发应用程序栈的模型。
- 在 CoreOS 中，OS 更新和常规的 Linux 系统管理任务都是最小化或者不存在的。

可预期的故障：CoreOS 中的容错

## 第 3 章

本章内容：
- CoreOS 中的监控与容错
- 让我们的首个复杂服务运行起来
- CoreOS 的上下文中的应用程序架构

如果读者正在应对任意容量的基础设施或运营，则会理解监控系统的重要性。当警告解除时，就该弄明白到底发生了什么。在自动化处理其中一些最常见的问题修复或者借助灾难恢复故障转移、多播或各种其他对故障做出响应的方式来缓解错误场景时，我们可能也遇到过崩溃的情况。我们可能也理解，技术总是会找到损坏点。硬件、软件、网络连通性、电网——这些都是让我们无法安睡的原因。如果我们已经从事了一段时间的运营工作，那么我们可能就有所体会，尽管自动化容错是可行的，但通常它也具有风险并且难以维持。

CoreOS 试图解决这个问题；通过提供在整个集群中分布的应用程序状态的通用抽象，自动化容错的实现细节就变得更为清晰和可重用。从任意特定机器中抽象出运行时之后的下一个容器的逻辑好处就是，允许运行时可以跨网络移植，因此就从其主机的故障中将所有容器解耦出来。

在本章中，我们将基于在第 1 章和第 2 章中学到的知识进行扩展，并且深入研究更为复杂的示例，以便理解如何赋予服务更大的弹性以及更快的故障恢复能力。我们将查看如何管理应用程序栈的瞬时特性并且探究系统架构和设计的一些高层次概念，以及如何将它们应用到 CoreOS 中。到本章结束时，我们将切实理解如何规划应用程序在 CoreOS 中的部署；这将通向第 4 章，我们将在那里转向生产。

3.1 监控的当前状态

如果大家或多或少地参与运营一段时间，那么肯定已经使用过某类监控系统了。通常，这样的系统看起来会像图 3.1 和图 3.2 中所示的典型监控架构一样，或者类似于两者的组合。

我们的监控系统可以发送探测器来收集关于服务器及其服务的信息，如图 3.1 所示，并且/或者运行在服务器上的代理可以向监控系统报告状态，如图 3.2 所示。大家可能已经体验过每一种方法的缺陷了。探测器难以维护，并且它们必定会产生误报；而代理也可能一样难以维护，同时也会为系统增加负载以及围绕该代理可靠性的不确定性因素。使用 etcd，CoreOS 就可以通过常规化由服务组成的状态信息来替换对于这些系统的大部分需求。

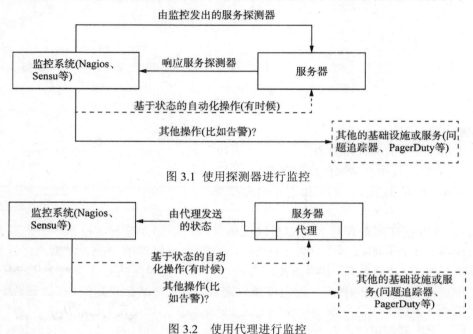

图 3.1 使用探测器进行监控

图 3.2 使用代理进行监控

使用传统监控设置，我们通常会假定，监控系统至少会像其正在监控的对象一样可靠。有时我们要借助第三方的监控解决方案，而其他时候我们最终会需要监控我们自己的监控系统。随着基础设施和应用程序的增长，我们的监控解决方案在复杂性方面会随着它们一起增长；最后，监控会一次性地告知我们所有对象的状态，并且通常无法很好地告知我们为何状态发生了变化。如果我们正在使用像公有云这样的东西，那么有时候甚至无法弄明白或者不关心其变化的原因。

CoreOS 让我们可以采用一种不同的方式来保持对活动系统的观测。显然，CoreOS 不会做任何妨碍监控的事情。它所做的正是释放我们的时间，从而允许我们专注于监控重要的事务(我们的应用程序)，而不是监控不重要的事务。(我们并不需要维护操作系统，对吧？)

3.1.1   有何不足

思考这个场景。公司正在运行一个对业务至关重要的 Rails 应用程序，并且一个 Debian 服务器集群会保持其处于运行状态。可能我们甚至已经使用 Chef 来保持所有配置的有序性。我们已经花费了数小时来确保日志文件会被发送给第三方日志消费者。

有天晚上，我们收到一条来自监控系统的告警，它表明磁盘空间满了，并且应用程序没有响应了。这就是需要进行根源问题分析的时候了！是否上个月我们运行的更新覆盖了一些日志配置并且开始再次将日志写到磁盘？是否新的开发人员决定编写一个新的日志文件而没有让我们知晓？我们是否在一年前丢失了 Chef 配置中的一些信息，从而导致数据被缓慢地写入磁盘，而情况不应如此？它是否是误报？(不必掩藏：我们知道，要做的第一件事就是运行 df 以便查看监控系统是否真的误报了。)

最后，我们会发现，原来是因为在添加了与 OS 升级有关的一些自动化之后没有时常从/var/cache 中清除.deb 文件。由于六个月前添加了一个简短的定时任务，因此每天都会写入一个非常小的日志文件，这共同造成了系统的宕机。此时，我们要问一问自己，"所有这一切与我正在支持的应用程序有什么关系？"以及"为何我还在解决过去 10 年间一直在解决的相同系统管理问题？"

监控已经变成冰山一角——或者可能更形象的比喻就是煤矿里的金丝雀(形容危险的预兆)，这会提醒我们，我们漏掉了一个极端的情况。我们是否能够跟上这些极端情况发生的步伐从而解决问题？

3.1.2　CoreOS 的处理有何不同

CoreOS 会负责不让 OS 或其配置成为应用程序的宕机原因：
- 它被精简了，以便从源头消除大量的配置和管理问题。
- 正如我们在第 1 章中探讨过的，CoreOS 有效利用了容器化的能力来从 OS 中抽象出应用程序，还使用 fleet 将它从机器中抽象出来，以便让我们能够专注于应用程序而非 OS 的内在机制。
- 应用程序故障得到了遏制，并且机器故障会减缓，这样就可以在维护窗口之外来处理它们(或者在某些公有云场景中忽略它们)。
- OS 的维护也可以在不相互干扰的情况下完成。

基于两个原因，我们可以忘记对于 OS 升级的恐惧。首先，从应用程序的角度看，CoreOS 操作系统升级的行为与机器断电的行为相同：停机时间是可以通过 fleet 在集群中切换容器来避免的，这就可以满足我们的规范，而不必理会集群的状态。其次，由于所有内容都是由容器来抽象的，因此除了少数 CoreOS 服务之外，应用程序中没有什么要依赖于底层 OS 中的任何对象才能变得可用。

牢记这些好处之后，就可以查看图 3.3 是如何表现出进行中的 CoreOS 升级的。尽管这一级别的 OS 自动化可能看起来有风险，但容器和 fleet 所提供的抽象会显著降低其影响。实质上，这是 CoreOS 在内部测试其方法，以便为 OS 上的应用程序提供容错。该升级过程等同于 CoreOS 减少对复杂监控系统需要的方式的一部分；集群级别的调度和发现系统展现了用于收集重要数据的一个更为通用的接口。

升级锁定(etcd-lock)的默认设置就是每次仅升级集群中的一台机器。如果 etcd 集群处于问题状态，那么它就不会升级任何结点。如果我们有一个较大的集群，则可以增加可同时使用 locksmithctl 进行升级和重启的结点数量：

```
core@core-01 $ locksmithctl set-max 2
    Old: 1
    New: 2
```

提示：不要真正在本地三结点集群中这样操作！如果 2/3 的结点同时重启，那么我们将失去 etcd 中的仲裁。etcd 中的仲裁可以容许至多 $(N-1)/2$ 的故障，其中 N 是集群成员(机器)的数量。

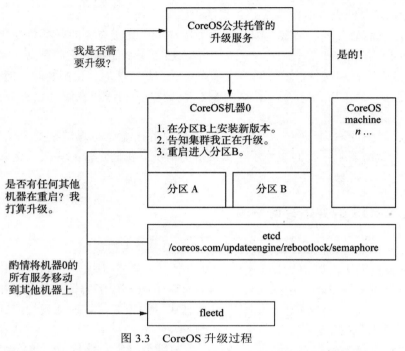

图 3.3   CoreOS 升级过程

集群升级

默认情况下，CoreOS 操作系统升级需要一定层的公用互联网来访问*.release.core-os.net，通过 HTTP 代理或者 NAT 来访问。如果我们想要得到在这三个发布通道之外对升级的更多控制，那么 CoreOS，Inc.(其公司)提供了付费托管的服务来帮助我们达成这一目标。

此外，我们规划服务能力的方式应该与规划集群和升级配置的方式并行。升级将仅在 etcd 具有可用锁并且没有任何错误(例如，另一台机器宕机或者由于升级之外的其他一些原因导致重启)的情况下进行。如果我们的服务无法在缺失两个结点的情况下完全在一个集群上以我们预期的性能正常运行，那么就不要增加 etcd-lock 最大值。但至少我们应该为一台机器的中断做好准备。这与缩放大容量存储相比并没有太大的不同：冗余单元越多，我们对于某类故障的容错就越高。

3.2   服务调度与发现

在第 1 章和第 2 章中，我们学习了与 etcd 和 fleet 有关的一些知识，还了解了它们为应用程序提供服务调度和发现的方式。这两者结合在一起，就能在应用程序运行时中而不是其之外为数据监控提供容错和可重组性。这里我们将稍微深入一些，并且思考一个更加现实的示例以便揭示这些事务是如何适配到一起的。我们将使用一个上游 Express 示例应用程序对 NGINX 示例进行扩展，并且我们将查看如何进一步在这个应用程序栈中使用 etcd。

在这个示例中，NGINX 将监控 Express 应用程序的状态并且做出相应的处理，而不需要外部的监控系统。

为了观察 CoreOS 如何才能防止服务出现故障，我们将构建出一个内置了容错能力的应用程序环境。然后，我们要尝试在集群中用局部故障来破坏它，并且观察容错特性会如何做出反应。

3.2.1　部署生产环境 NGINX 和 Express

一个真实的示例会涉及至少两层。我们暂时还不会涉及数据库层的复杂性(不过后面我们将会遇到！)，但一个应用程序栈并不是一个真正的栈，除非会进行一些内部通信。例如，假设我们希望部署一个应用程序，它由一些位于一个 NGINX 实例之后的 Express 结点服务构成。最终，我们希望我们的系统看起来像图 3.4 一样，它显示了 NGINX 及其背后的 Express 应用程序之间的简单网络拓扑。

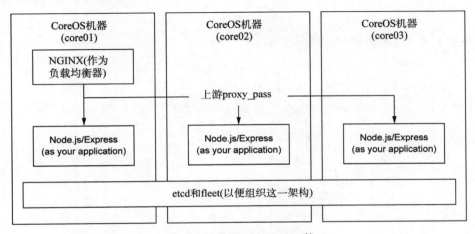

图 3.4　NGINX 和 Express 栈

在这个场景中，NGINX 会表现得像一个负载均衡器，但可以执行任意数量的任务(SSL 终端、外部反向代理等)。后面几节会设置这一架构；对于我们要获得的经验而言，至关重要的是，在我们构建容错性应用程序而非依赖监控的应用程序时，任何结点的故障都会变成我们不需要关心的事情。

3.2.2　将 etcd 用于配置

对于这个应用程序栈来说，我们将使用第 2 章中学到的知识：我们将在 CoreOS 集群中设置 NGINX，并且添加一个相当常见的后端服务。该示例使用 Node.js/Express 的原因主要是简单，但它也可以是我们希望在集群中分发的任意 HTTP 服务。

我已经将一些有重要意义的复杂性添加到上一个示例中，也就是增加了一个新需求，即修改和部署不同于公共可用的 Docker 映像的容器。不过我会假定，我们有一个要向其上传定制容器的仓库，并且我们正在使用位于 https://hub.docker.com 的公共、官方 Docker 注册库。

出于该示例的目的,假设将我们的容器发布到 Docker 公共仓库的做法是可行的。当然,在现实环境中,这可能是不被允许的。发布私有 Docker 映像有许多选项可供选择,使用软件即服务(SaaS)产品或者托管我们自己的仓库,但这些都超出了本书的内容范围。要进一步了解这方面的内容,可以阅读 Jeff Nickoloff 所著的 *Docker in Action* 一书(Manning 出版社于 2016 年出版,www.manning.com/books/docker-in-action)。

1. Express 应用程序

开始处理我们的 Express 实例吧。首先需要创建一个"Hello World" Express 应用。为此我们不需要任何 Node.js 的经验;我们可以将代码清单 3.1~代码清单 3.3 中的代码复制到一个新目录的文件中。

代码清单3.1   code/ch3/helloworld/app.js

```
const app = require('express')()
app.get('/', (req, res) => { res.send('hello world').end() })
app.listen(3000)
```

代码清单3.2   code/ch3/helloworld/Dockerfile

```
FROM node:5-onbuild
EXPOSE 3000
```

代码清单3.3   code/ch3/helloworld/package.json

```
{
  "name": "helloworld",
  "scripts": {
    "start": "node app.js"
  },
  "dependencies": {
    "express": "^4"
  }
}
```

接下来,构建该映像并且将之推送到 Docker 中心。我们可以在 CoreOS 实例(因为它已经在运行 Docker)或者可能正在运行 Docker 的任意位置(例如工作站)上完成所有这些处理:

```
$ cd code/ch3/helloworld
$ docker build -t mattbailey/helloworld .
Sending build context to Docker daemon 1.166 MB
...
Successfully built f8945e023a8c

$ docker login # IF NECESSARY
$ docker push mattbailey/helloworld
The push refers to a repository [docker.io/mattbailey/helloworld]
...
latest: digest: sha256:e803[...]190e size: 12374
```

我们也可以将.service 文件放在这个目录中。比较常见的做法是,将这些服务文件像项目一样保留在相同的源控制之下。我们将具有一个主服务文件和一个 sidekick。

第一个服务文件看起来类似于我们使用 NGINX 时所看到的文件,但我们要引用之前发布的 Docker 映像。

代码清单3.4 code/ch3/helloworld/helloworld@.service

```
[Unit]
Description=Hello World Service
Requires=docker.service
After=docker.service

[Service]
TimeoutStartSec=0
ExecStartPre=-/usr/bin/docker kill helloworld
ExecStartPre=-/usr/bin/docker rm -f helloworld
ExecStartPre=/usr/bin/docker pull mattbailey/helloworld:latest
ExecStart=/usr/bin/docker run --name helloworld \
  -p 3000:3000 mattbailey/helloworld:latest
ExecStop=-/usr/bin/docker stop helloworld

[X-Fleet]
Conflicts=helloworld@*
```

TimeoutStartSec 是什么？

注意，我们在代码清单 3.4 中使用了 TimeoutStartSec=0，以表明我们不希望此服务超时。这对于较慢的连接或者使用可能要花些时间来拉取的较大 Docker 映像来说可能是有帮助的，尤其是当我们正同时在单个工作站上的三个 VM 中全部拉取它们时。

我们可能希望在今后根据使用情况调整这一设置(例如，我们可以从 etcd 设置它)，但在我们测试和开发服务时，不使用超时会更加简单一些。

sidekick 看起来也是类似的：它通知了/services/helloworld/中 helloworld 服务的出现。

代码清单3.5 code/ch3/helloworld/helloworld-sidekick@.service

```
[Unit]
Description=Register Hello World %i
BindsTo=helloworld@%i.service
After=helloworld@%i.service

[Service]
TimeoutStartSec=0
EnvironmentFile=/etc/environment
ExecStartPre=/usr/bin/etcdctl set /services/changed/helloworld 1
ExecStart=/bin/bash -c 'while true; \
  do \
    [ "`etcdctl get /services/helloworld/${COREOS_PUBLIC_IPV4}`" \
      != "server ${COREOS_PUBLIC_IPV4}:3000;" ] && \
    etcdctl set /services/changed/helloworld 1; \
    etcdctl set /services/helloworld/${COREOS_PUBLIC_IPV4} \
      \'server ${COREOS_PUBLIC_IPV4}:3000;\' \
    --ttl 60;sleep 45;done'
ExecStop=/usr/bin/etcdctl rm /services/helloworld/helloworld@%i
ExecStopPost=/usr/bin/etcdctl set /services/changed/helloworld 1

[X-Fleet]
MachineOf=helloworld@%i.service
```

组织 etcd 键

对于如何组织 etcd 键而言，并没有严格的准则或者预设的结构——其组织方式是完全自由的。

当然，我们会更多地希望像规划基础设施那样规划这一结构，以便将内容恰如其分地放入对应命名空间内，并且有足够的灵活性来适应我们未来的需要。

现在，我们可以在集群上启动 helloworld 并且验证它是否已经启动了：

```
$ fleetctl start code/ch3/helloworld/helloworld@{1..3}.service
Unit helloworld@1.service inactive
Unit helloworld@2.service inactive
Unit helloworld@3.service inactive
$ fleetctl start code/ch3/helloworld/helloworld-sidekick@{1..3}.service
Unit helloworld-sidekick@1.service inactive
Unit helloworld-sidekick@2.service inactive
Unit helloworld-sidekick@3.service inactive
```

另外，验证一下该 helloworld 是否在运行：

```
$ fleetctl list-units
UNIT            MACHINE         ACTIVE SUB
helloworld-sidekick@1.service a12d26db.../172.17.8.102 active running
helloworld-sidekick@2.service c1fc6b79.../172.17.8.103 active running
helloworld-sidekick@3.service c37d052c.../172.17.8.101 active running
helloworld@1.service a12d26db.../172.17.8.102 active running
helloworld@2.service c1fc6b79.../172.17.8.103 active running
helloworld@3.service c37d052c.../172.17.8.101 active running
$ curl 172.17.8.101:3000
hello world
$ etcdctl ls /services/helloworld/
/services/helloworld/172.17.8.101
/services/helloworld/172.17.8.103
/services/helloworld/172.17.8.102
```

下一节将进而介绍 NGINX 配置。

2. NGINX 应用程序

为我们的 NGINX 构造创建一个新的目录。我们会有三个文件用于配置 NGINX，其中不包含服务单元。第一个就是十分简单的 Dockerfile，它使用官方的 NGINX 映像作为其基础。

代码清单3.6 code/ch3/nginx/Dockerfile

```
FROM nginx

COPY helloworld.conf /tmp/helloworld.conf
COPY start.sh /tmp/start.sh
RUN chmod +x /tmp/start.sh

EXPOSE 80

CMD ["/tmp/start.sh"]
```

接下来是一段启动脚本。为了简单明了，我们要将 Bash 用作动态运行时配置，因此我们不会将更多的依赖项添加到该示例。不过有许多工具都可用于帮助我们在运行时模板化配置文件，例如 confd(www.confd.io)。

代码清单3.7 code/ch3/nginx/start.sh

```
#!/usr/bin/env bash

# Write dynamic nginx config
echo "upstream helloworld { ${UPSTREAM} }" > /etc/nginx/conf.d/default.conf
```

```
# Write rest of static config
cat /tmp/helloworld.conf >> /etc/nginx/conf.d/default.conf

# Now start nginx
nginx -g 'daemon off;'
```

最后，这里是用于反向代理的静态 NGINX 配置文件。

代码清单3.8　code/ch3/nginx/helloworld.conf

```
server {
    listen 80;
    location / {
        proxy_pass http://helloworld;
    }
}
```

构建此映像并且将其推送到我们的仓库中，就像之前对 Express 应用所做的处理一样：

```
$ cd code/ch3/nginx/
$ docker build -t mattbailey/helloworld-nginx .
Sending build context to Docker daemon 4.096 kB
...
Successfully built e9cfe4f5f144

$ docker push mattbailey/helloworld-nginx
The push refers to a repository [docker.io/mattbailey/helloworld-nginx]
...
latest: digest: sha256:01e4[...]81f8 size: 7848
```

现在，我们可以编写服务文件，如代码清单 3.9 和代码清单 3.10 所示。

代码清单3.9　code/ch3/nginx/helloworld-nginx.service

```
[Unit]
Description=Hello World Nginx
Requires=docker.service
After=docker.service

[Service]
TimeoutStartSec=0
ExecStartPre=-/usr/bin/docker kill helloworld-nginx
ExecStartPre=-/usr/bin/docker rm -f helloworld-nginx
ExecStartPre=/usr/bin/docker pull mattbailey/helloworld-nginx:latest
ExecStart=/bin/sh -c /for host in `etcdctl ls /services/helloworld`; \
  do UPSTREAM=$UPSTREAM`etcdctl get $host`; \
 done; \
  docker run -t -e UPSTREAM="$UPSTREAM" \
    --name helloworld-nginx -p 80:80 mattbailey/helloworld-nginx:latest'
ExecStop=-/usr/bin/docker stop helloworld-nginx
```

代码清单3.10　code/ch3/nginx/helloworld-nginx-sidekick.service

```
[Unit]
Description=Restart Nginx On Change

[Service]
ExecStart=/usr/bin/etcdctl exec-watch \
  /services/changed/helloworld -- \
  /bin/sh -c "fleetctl stop helloworld-nginx.service; \
  fleetctl start helloworld-nginx.service"
```

接下来，启动我们的 NGINX 服务单元：

```
$ fleetctl start code/ch3/nginx/helloworld-nginx.service
Unit helloworld-nginx.service inactive
Unit helloworld-nginx.service launched on a12d26db.../172.17.8.102
$ fleetctl start code/ch3/nginx/helloworld-nginx-sidekick.service
Unit helloworld-nginx-sidekick.service inactive
Unit helloworld-nginx-sidekick.service launched on a12d26db.../172.17.8.102
```

注意，对于 NGINX 而言，我们并不关心 sidekick 运行在哪台机器上，因为它完全是通过 etcdctl 和 fleetctl 来与 NGINX 交互的。

现在我们应该具有看起来像图 3.4 一样的设置。NGINX 实际上正在观测 Express 应用程序拓扑中的变化，并且其设置正是为了适应那些变化。而且，这样的处理并没有涉及任何复杂监控系统的实现。我们预期到故障的发生，并且 CoreOS 让我们可以将此观点整合到服务架构的组成部分中。我们需要测试此观点；因此，在下一节中，我们将看到一台机器出故障时会发生什么。

3.3　进行一些破坏

既然我们已经拥有了"像生产环境一样的"部署，那么是时候尝试破坏它了！我们已经构建的架构应该能够很好地承受单台机器的故障。我们将查看一台机器的故障会如何影响我们的应用程序，以及 CoreOS 如何才能在该机器恢复时还原整个集群的状态。在一个三台机器的本地集群上模拟更加复杂的场景会有些困难；但作为基准线，CoreOS 集群会将任何在 etcd 中无法解析一个结点的情况视作机器故障，并且将像机器宕机那样做出响应。正如 3.1.2 节中所介绍的那样，etcd 可以支持$(N-1)/2$ 的机器故障，其中 N 就是机器的数量；由于 etcd 是真实反映集群状态的源头，因此 CoreOS 机器的部署(虚拟的或物理的)应该将此故障比率视为一条基准线。

3.3.1　模拟机器故障

我们可以模拟的最具破坏性的一类场景就是 CoreOS 机器的全面故障。此场景包括网络连通的丢失，因为这在功能上等同于 CoreOS 集群。为了模拟这一点，我们必须关闭其中一台机器。为了让事情变得有趣一些，我们将关闭还在运行 NGINX 的机器，这将造成一次中断，但该中断会被 fleet 缓解掉。我们可能希望打开另一个连接到未关闭的机器的终端，以便观察发生了什么事情：

```
$ vagrant ssh core-01
core@core-01 ~ $ fleetctl journal -f helloworld-nginx.service
...
Feb 17 05:00:59 core-02 systemd[1]: Started Hello World Nginx.
```

> **当故障并非"真正的故障"时**
>
> 在某些场景中，我们会有意让集群中的一台机器宕机，而这并不代表任何类型的故障。例如，如果我们启用了 CoreOS 自动化 OS 更新，或者我们需要关闭一些基础设施以便进行

维护，或者由于若干原因我们希望重构 AWS EC2 实例，那么就会发生这种情况。如果我们认为出现的机器“故障”是系统常规生命周期的一部分，那么就可以愉快地享受 CoreOS 所带来的好处了。

在主机上的另一个终端中，让 Vagrant 关闭正在运行 helloworld-nginx.service 的机器：

```
$ vagrant halt core-02
```

观察 core-01 或没有运行 helloworld-nginx.service 的其他任何机器：

```
...
Connection to 127.0.0.1 closed by remote host.
Error running remote command: wait: remote command exited without exit status or exit signal
core@core-01 ~ $ fleetctl journal -f helloworld-nginx.service
...
Feb 17 05:16:32 core-01 systemd[1]: Started Hello World Nginx.
```

我们可以看到，该服务在 core-02 上已经被关闭了，然后 fleet 将它移动到 core-01。我们还可以观察到，NGINX 已经选取了新的上游配置：

```
core@core-01 ~ $ docker exec -it helloworld-nginx
    cat /etc/nginx/conf.d/default.conf
upstream helloworld { server 172.17.8.101:3000;server 172.17.8.103:3000; }
server {
    listen 80;
    location / {
        proxy_pass http://helloworld;
    }
}
```

现在我们已经看到，应用程序栈适配一台缺失的机器，在下一节中，我们会将该机器恢复以便查看集群如何处理服务恢复的问题。

3.3.2 自修复

让该机器恢复，并且观察是否一切回归正常：

```
$ vagrant up core-02
```

在它被重新启动后，等待大约 45 秒。然后我们就可以确认该机器回到了 NGINX 的上游中：

```
core@core-01 ~ $ docker exec -it helloworld-nginx
    cat /etc/nginx/conf.d/default.conf
upstream helloworld { server 172.17.8.101:3000;server 172.17.8.103:3000;
server 172.17.8.102:3000; }
     server {
listen 80;
    location / {
        proxy_pass http://helloworld;
    }
}
```

该上游再次指向了所有三个 Express 应用程序。只需要很少的工程设计就可以将容错性添加到一个完全不具有容错性的系统。此外，除了 CoreOS 所提供的工具，我们不需要采用任何额外的工具就能完成这一处理。最后要说的是,构建健壮的自修复系统一直是一个很棘手的问题,但 CoreOS 提供了一套通用的工具集,其中的 fleet 和 etcd 赋予我们一种将它内置到许多场景中的模式。

应用程序架构仍旧是一项重要技能。并且让我们的架构适应 CoreOS 是需要一些规划的,接下来我们将探讨这一点。

3.4   应用程序架构和 CoreOS

应用程序架构是需要大书特书的一个主题。这里的内容不会是我们在本书中最后一次探讨它;但既然我们已经模拟了应用程序架构师尝试规划的内容,那么这部分内容就值得我们关注并且值得我们了解该内容与全局的关系。

首先,我们将查看设计应用程序时容易导致故障的一些常见陷阱,然后我们将接着探讨我们可以控制该架构的哪些部分。最后,我们将介绍所有这一切对于配置管理来说意味着什么。

3.4.1   常见陷阱

在经常出现故障或者预期会出现故障的环境中运行应用程序栈时,或者在所使用的系统规模从统计上看需要以一定间隔周期出现一些故障的情况下,是存在一些常见的陷阱的。我们可能会在本章的示例中认识到,NGINX 运行其上的主机会变成某种程度上的单点故障。即使我们已经对该系统进行了设计,以便通过在另一个实例上启动 NGINX 来兼容该机器的故障,但我们仍旧可能面临可用性的间断。我们可以使用几个方法在架构中解决这个问题:

- 如果我们可以容忍一分钟的停机时间,则 NGINX sidekick 可以更新一个具有很短 TTL 的 DNS 条目。
- 我们可以借助上游内容分发网络(Content Delivery Network,CDN)缓存来帮助我们度过中断时间。
- 我们可以在两台或全部三台机器上运行 NGINX,并且在其前端使用负载均衡器设备或者类似于 AWS 弹性负载均衡器(Elastic Load Balancer,ELB)的工具进行健康检查。

最常见的做法是,我们都会使用最后一个选项,如果我们需要该种级别的可靠性的话。我们是在将足够的垂直容量构建到我们的机器中,以便同时运行这两个服务,因此没有理由不这样做。不过这正是我们需要仔细谨慎的地方。假定 NGINX 正在进行特定于一个用户会话的处理。当然,这种可能性很小;不过作为一个示例而言,如果 NGINX 在本地存储了某种类型的状态,则该状态将不会被共享给运行在另一台机器上的其他 NGINX 服务。通常我们会接受,用户可能会在集群的某些部分出现故障时被注销,但同时我们也不希望他们由于访问了负载均衡器背后的另一个结点而被注销。

我们所做的架构选择,尤其是所使用的软件方面,对于我们使用 CoreOS 工具让架构具有容错性的能力会产生影响。即使是将容错性应用到支持容错功能的软件,其复杂性也会让人头疼。例如，在 Redis 3.0 以及其附带的 redis-cluster 特性之前，Redis 集群化就涉及一个单独的守护进程，它会选择一个写主控制端并且重新调整该集群。Redis Sentinel 系统旨在被应用到像 CoreOS 这样的具有容错性的系统中，但要让它发挥作用却是一项复杂的任务。其主旨在于，我们应该总是在一个像本地 Vagrant 集群这样的环境中测试集群配置和故障场景，因为我们可以在其中控制环境状况。

3.4.2　新项目和遗留项目

有时候我们必须选择我们的架构，而有时候则不必。处理遗留系统是每个工程师的职业生涯中都会遇到的任务；显然，相较于将容错性内置到遗留栈中而言，通过 CoreOS 将它内置到一个新的项目中会更容易一些。我们可能会发现，在某些系统中我们无法像其他系统中那样实现某种程度的可靠性。不过，我们可以借助 CoreOS 所提供的模式来降低一些风险。

通常，对于存储了某种状态且没有办法分发它的遗留服务，我们都会遇到问题。对于那些问题而言，有一个最让人烦恼的问题就是存储在本地文件系统上的“无法分发的”状态。如果所存储的数据并不重要，那么唯一的缺点就是，我们仅可以在一台机器上运行该服务；我们仍旧可以依赖 fleet 来转移它。如果该数据很重要，并且我们不能改变其运行方式，那么就必须实现分布式的存储。我们将在 4.5 节中研究其处理选项的细节。

3.4.3　配置管理

如果我们正在处理新的应用程序，那么在配置管理方面所采用的方法应该假设，该应用程序配置会被划分为需要理解运行时环境的配置(例如数据库 IP)以及固定不变的配置(例如数据库驱动)。前者应该用 etcd 来管理，而后者应该用容器构建程序来管理。牢记这一点，我们就不再需要复杂的配置管理系统，并且我们的软件环境将变得更加可重复和可理解。

3.5　本章小结

- 遵循 sidekick 模式来构建具有服务发现的复杂应用程序环境。
- 使用服务发现来实现容错性和自修复能力。
- 设计出我们可以在其中模拟可能会在生产环境中遇到的故障的场景，这样就能测试我们的集群实现。
- 应用程序架构对于规划 CoreOS 部署是很重要的，并且总是需要不停回顾的。

第 II 部分

应用程序架构

    第 4 至第 7 章会深入研究应用程序架构的概念以及如何将它们应用到 CoreOS 的计算模型中。我们将在本地集群上不断构建复杂的软件栈，使用第 3 章的示例作为基础。应用程序将从一个简单的 "Hello World" 变成一个多层、实时的应用程序，并且具有可扩展、可容错的持久化数据库。

## 第 4 章

生产环境中的 CoreOS

4

本章内容:
- CoreOS 部署选项
- 支持我们系统的网络层
- 大规模持久化存储

在第 3 章中,我们介绍过如何使用 CoreOS 的特性实现一些容错功能;当然将所有这些全部引入生产环境中将会更加复杂。就我们如何和在何处部署 CoreOS,以及我们和我们的组织将如何长期维护它而言,我们不出意外地拥有广泛的选项可供选择。本章将介绍我们在一些最常见场景中需要进行的规划和信息收集。

本章第一节会介绍我们在规划 IaaS 服务、内部 VM 以及裸机上的部署时所应该考虑的事情。然后我们将继续介绍如何着手处理网络拓扑以及如何考虑集群中的大容量存储和大型数据集。

提示:要为本章的内容做好准备,我们应该基本理解网络和存储,并且至少理解部署目标的一些概念。

4.1 规划和部署选项

CoreOS 支持广泛的部署选项,其中包括 CoreOS 组织所支持的选项以及社区支持工作成果所支持的选项。我们可以在 https://coreos.com/os/docs/latest/#runningcoreos 查看这份列表以及相关的官方文档。到目前为止,运行 CoreOS 的最常用的平台是这三个:
- Amazon Web 服务(AWS)
- 内部 VM 基础设施(例如 OpenStack)
- 裸机(我们自己的硬件)

表 4.1 分析了每个选项的成本。

表 4.1 常用 CoreOS 平台选项的概要成本分析

	AWS	内部 VM	裸机
物理硬件投入		X	X
管理主机软件的人员		X	
管理硬件的人员		X	X
管理 CoreOS 的人员	X	X	X
管理云基础设施的人员	X		
高昂的初始化成本(不包括人员)		X	X
高昂的经常性成本(不包括人员)	X		

当然，表 4.1 仅供参考；资本性支出和总拥有成本(TCO)会是很复杂的主题，并且对于每一个组织来说都具有独特性。以我个人的经验来看，找到人员通常会很难。AWS 高昂的经常性成本通常是可以弥补的，因为它所需的人员较少，并且它有能力在我们希望更加快速达成目标时准备好基础设施——这是我们必然应该考虑的因素。

在第 9 章中，我们将在 AWS 中进行完整的端到端部署，那将使用到本章中的一些信息。除了是最有可能的目标平台，AWS 的灵活性还让我们可以覆盖所有的 CoreOS 特性和场景，而不需要关注我们自己基础设施的许多注意事项。

4.1.1 Amazon Web 服务

基础设施即服务(Infrastructure as a Service，IaaS)在过去 10 年中已经取得了显著的发展动力，并且无法否认的是，AWS 是这一领域的市场领导者。其最大的竞争对手是 Microsoft 的 Azure 和 Google 计算引擎(Google Compute Engine，GCE)；较小(但同时也发展迅速的)竞争对手包括 DigitalOcean 和 Rackspace Cloud。CoreOS 官方支持所有这些 IaaS，但我们将主要探讨 AWS 上下文中的 IaaS；大多数 IaaS 提供商都共享了大量相同的设计模式，因此本章中的示例和语言应该可以轻易地转换成我们曾经使用过的任何供应商所适用的示例和语言。

使用 AWS 最大的区别在于，必须就架构进行额外的决策。我们可以选择在 Elastic Compute Cloud(EC2)上运行 CoreOS 和所有的应用程序，或者可以在 EC2 上运行受控制的 CoreOS 集群(例如仅具有 fleet 和 etcd)，并且使用 Amazon 的 ecs-agent 在 AWS 相对较新的 Elastic Container Service(ECS)中驱动应用程序的运行时。图 4.1 揭示了仅使用 EC2 时集群看起来会是什么样，而图 4.2 显示了使用 ECS 时的集群。现在，就简单计算服务而言，公共的 IaaS 提供商已经相当好地聚合了其特性；但 AWS 是受到 CoreOS 所支持的具有此可大幅简化部署的抽象的唯一一个 IaaS ——无论我们必须管理多少台 CoreOS 机器，都可以独立缩放我们的计算资源。

仅使用 EC2 时(图 4.1)，其配置看起来类似于在第 2 章中所构建的工作区：三个实例，其中每台 VM 上都具有在一些配置之下运行的应用程序容器，并且受到 fleet 和 etcd 的控制。图 4.2 引入了一些我们可能会认为有用的一些有意义的抽象：ecs-agent，它是由 Amazon 在 Docker 容器中正式分发的(https://hub.docker.com/r/amazon/amazon-ecs-agent)。它实质上充当着所有 Docker 命令和运行时的代理，它会将这些命令和运行时转发到 ECS 环境中。

这意味着，在现在可以为之使用小实例的控制器(EC2 CoreOS 集群)和应用程序的运行时环境之间，可以具有更具吸引力的关注分离。fleet 和 etcd 仍旧会继续履行其使命，但它们可以独立于 ECS 基础设施之外来运行。这也意味着甚至不需要在 EC2 中运行 CoreOS 集群，如此也就带来了其他的混合方法：可以在数据中心内运行 CoreOS 集群，在 AWS 中控制 ECS 集群。

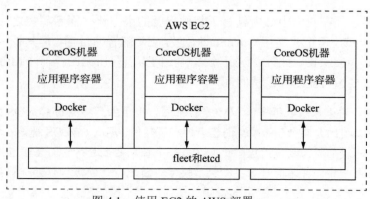

图 4.1 使用 EC2 的 AWS 部署

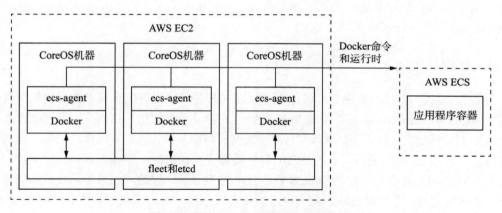

图 4.2 具有 EC2 和 ECS 的 AWS 部署

第 8 章将介绍在 AWS 中同时使用这两个模型的详尽示例。幸运的是，我们不需要一开始就进行此选择。因为 ecs-agent 对于 Docker 运行时来说是透明的，所以我们可以不太费力地切换成或者切换掉此模型。无论如何，对于这两个模型而言，出于这一节内容的目的，我们都要假设正在 AWS EC2 中运行 CoreOS 集群。

CoreOS(其公司)建议，通过 CloudFormation 在 EC2 中运行机器集群。如果我们不熟悉 CloudFormation，或者如果我们刚接触 AWS，则可以阅读 Andreas Wittig 和 Michael Wittig 所著的 *Amazon Web Services in Action* 一书(Manning 出版社于 2015 年出版，www.manning.com/books/amazon-web-services-in-action)。简而言之，CloudFormation 是一个 AWS 系统，它允许编写 AWS 环境的描述清单以及管理该环境中的部署和发生在其中的变更。这是记录整个基础设施并且在版本控制、代码检查等方法中保持它的一种方式。

CoreOS 提供了一个基础的 CloudFormation 模板以便我们可以开始着手配置 EC2 中的

CoreOS，这个模板可以在 https://coreos.com/os/docs/latest/booting-on-ec2.html 处获取到。该模板是很好的入门材料，但要牢记，对于一个健壮的生产部署而言，它是不够的，我们将在本书后续内容中完整介绍它。

4.1.2　使用内部 VM 基础设施

我们可能已经在数据中心内具有了某种程度的虚拟化，而希望将之用于 CoreOS 的部署。目前，CoreOS 仅正式支持 OpenStack 作为 VM 部署的目标，但其社区还支持一些常用的产品，比如 VMware。此外，这并不影响我们为当前所用的任何 VM 系统创建 CoreOS 映像，虽然这样做可能是在浪费时间。

提示：在我看来，在数据中心 VM 平台上运行用于生产环境的 CoreOS 没什么价值，并且会增加大量不必要的复杂性。如果我们已经拥有了硬件，那么 CoreOS 就是在提供应用程序和基础设施抽象，而我们将为之使用虚拟化。在另一个抽象之上运行它们会让 fleet 难以理解故障的拓扑区；并且由于我们并不会过多关心机器映像，因此 VM 映像操作的优势并没有体现出来。

OpenStack 上的 CoreOS 使用了常用工具 glance 来进行映像定义，并且使用了 nova 来初始化集群。可以在 https://coreos.com/os/docs/latest/booting-on-openstack.html 处找到在 OpenStack 上使用 CoreOS 的官方文档。

4.1.3　在裸机上

在裸机上(我们自己的数据中心硬件)使用 CoreOS 是一个很好的选项，如果我们拥有工程资源来管理它并且面临让它具有超出 IaaS 的价值的容量需求的话。我们将不会过于深入探究这一方法的经济价值，但我们必须确定，对于我们的组织来说，IaaS 对比裸机的成本曲线会在何处交汇。相较于 IaaS 而言，真正巨大的容量将展现出裸机的一些成本优势，如果我们可以负担得起时间和资源成本的话。CoreOS 旨在推动这类容量，因此，如果那是我们的环境类型的话，那么它就是一个绝佳选项。我们也可能具有安全性的考虑事项，即禁止使用 IaaS 平台。

我们自己硬件上的 CoreOS 是受官方支持的，并且具有一些预先的要求。对于简单部署(比如测试和开发)来说，我们可以使用刻录在 CD 或者闪盘上的 CoreOS 所提供的 ISO。这显然不太具有可扩展性，因此此处运行 CoreOS 真正的需求就是运行一个预引导执行环境(Preboot Execution Environment，PXE)或者 iPXE 服务器。有了此配置，CoreOS 就可以完全运行在内存中了。我们可以选择性地将它安装到磁盘，不过从 PXE 将之运行在内存中将会得到开箱即用的高性能集群。

裸机上的 CoreOS 也可能意味着需要对网络进行一些手动配置，我们将在下一节中介绍其细节。

4.2　与网络有关的注意事项

在本书前面的所有示例中，我们已经假定，CoreOS 机器的网络在结点之间是扁平且内部开放的。这是 VirtualBox 中开发环境的行为方式，不过当然情况并非总是如此，尤其是在生产环境中，我们可能希望将事务更好地锁定在内部。在为 CoreOS 集群配置网络时，有一些选项可供选择，其中一些是非常受限于平台的(例如，我们将在第 8 章中研究如何在 AWS 中进行网络配置)。首先，我们可以参考图 4.3 来获得一个基本概念，也就是在端口映射方面，CoreOS 集群需要如何发挥作用。

图 4.3 显示了必须为 CoreOS 集群进行的两类至关重要的网络配置。首先，需要为管理而开放的端口(显然)就是 SSH(TCP/22)，并且，可选的是，用于 etcd 的客户端端口(TCP/2379)。从根本上看，我们不会经常通过 ssh 直接连接到结点；但从第 1 章开始就应该记得，fleetctl 可以将 SSH 用作远程对集群执行命令的隧道。可以借助关闭 SSH 来退出；如果打开 etcd 客户端端口，那么 fleetctl 就可以借助--driver=API --endpoint=<URI>标记来远程使用 etcd API。

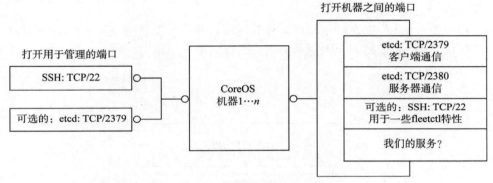

图 4.3　CoreOS 端口映射

需要网络通信的第二类至关重要的服务就是那些 CoreOS 用来在机器之间传递消息的服务。我们还将使用 etcdctl 或者 sidekick 服务中的 curl 来借助这一内部通信与 etcd 交换消息，就像我们在第 2 章和第 3 章的示例中所做的那样。etcd 使用 TCP/2379 供客户端通信(etcdctl)，并且使用 TCP/2380 在内部维护集群配置。如果我们希望能够从一个结点运行 fleetctl 并且让它根据我们的命令自动通过 ssh 连接到正确的结点，那么还必须打开机器之间的 SSH(TCP/22)。etcd 的传统端口是 TCP/4001 和 TCP/7001。etcd 也仍旧会绑定到这些端口，以便向下兼容，但是否在机器之间开放这两个端口完全是可选的。

最后，还必须决定，为应用程序栈在机器之间内部开放哪些端口或者哪些端口范围。例如，Ruby on Rails 应用是否需要通过 TCP/6379 端口与另一台 CoreOS 机器上的 Redis 实例通信？

第三类网络配置，这是完全由我们和我们的应用程序来定义的(图 4.3 中并没有显示这类配置)，它包括我们希望暴露给外部或客户、暴露给外部防火墙、负载均衡器或者其他网络设备的端口和协议。管理此更为动态的网络配置，以及管理机器之间用于我们服务的网络配置，正是我们在这一节中将会深入研究的。

4.2.1　网络的可编程程度有多大

举个简单的场景作为示例，假设我们有一个 PHP 应用程序，它需要与 MySQL 通信。

我们可以在集群中的所有机器上运行 PHP 应用，但 MySQL 仅能运行在一台机器上。出于安全性需要，我们要在网络中的每台机器之间维护一个默认的拒绝策略，但我们也希望 MySQL 能够运行在任何一台机器上，这样在出现故障时它就能在其间迁移。我们如何才能让网络意识到服务变更呢？

我们已经学习了 sidekick 服务单元可以如何在 etcd 上通告服务。对于这个场景来说也是一样：sidekick 应该将一些配置应用到网络基础设施，这些配置会在 MySQL 迁移时打开其他机器的 MySQL 端口。如果我们正在使用公有云，那么通常会有受到很好支持的 API 来完成此任务；如果我们是在维护自己的网络设备，那么此任务就会变得艰巨得多，或者当我们无法以编程方式配置这些访问控制列表(Access Control List，ACL)时，该任务根本就不可能完成。

在不借助额外系统的情况下，有两个选项可以解决这些问题，如图 4.4 所示(将在下一小节中描述)：

- 选项 1——我们拥有可以轻易编程的网络，并且可以使用 sidekick 设置此策略。
- 选项 2——我们打开为内部服务映射所保留的一组端口。

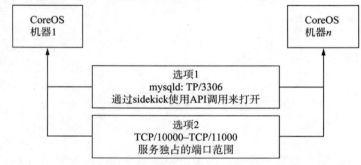

图 4.4　内部网络选项

在内部自动化网络配置的另一个难点在于，随着时间推移，其维护将越发困难，并且我们最终可能会在 sidekick 单元文件中得到大量复杂、模糊不清的配置。一个可选方案是，编写使用 etcd 能力的自定义软件来让客户端监听或者轮询变更并且相应地应用一些网络配置。显然，这也具有其自身的复杂性和维护挑战。

我们还可能正在 CoreOS 机器的前端使用某类负载均衡器，并且此设备或服务将需要一定程度的可编程性。我们可以一开始将负载均衡器配置为仅根据健康检查将请求路由到一台机器，或者可以使用 sidekick 服务通过负载均衡器所使用的任意 API 来通告一个服务的可用性。这通常不会太复杂，并且更加可能作为负载均衡器而非第 3 层交换机上的一项特性而存在，但我们需要考虑我们的方法(例如，如果我们的服务响应一个端口，那么它是否可用，或者它是否需要进行一些引导)。

4.2.2　使用 flannel 启动和运行

flannel 是用于在 CoreOS 集群而非网络基础设施中管理大量此种网络复杂性的 CoreOS 解决方案。我们继续采用 PHP 和 MySQL 应用的相同示例，PHP 应用和 MySQL 之间的连接变为已打包并且通过单一端口进行发送。这样，MySQL sidekick 就仅需要告知该 PHP

应用它在何处(通过 etcd)，而不是同时告知该应用程序和网络基础设施。

　　flannel 会为 CoreOS 集群中所有机器上的全部容器创建一个重叠网络。flannel 会打包 UDP/8285 上的所有这些数据流，而这会是为我们自己的服务在机器之间必须指定的唯一 ACL。根据我们所使用的环境的不同，除了 UDP 之外，还可以使用后端：例如，如果我们正在使用 AWS VPC，则可以使用 VPC 路由表作为 flannel 的后端。flannel 的使用对于带宽几乎没有影响，并且只会增加一点延迟。

　　现在深入研究第 3 章的示例，其中添加了一台 NGINX 服务器充当 Node.js 服务器的负载均衡代理，并且使用 flannel 重叠网络进行通信，而不是在机器之间使用 VirtualBox 网络。参见图 4.5 和图 4.6，我们可以看到拓扑的不同之处(简化为仅仅两台机器)。

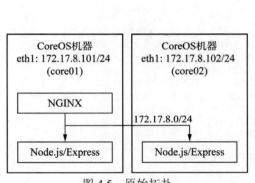

图 4.5　原始拓扑

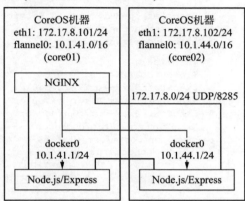

图 4.6　使用 flannel 的拓扑

　　图 4.5 显示了第 3 章示例的原始网络拓扑。它是一个简单的内部网络拓扑：机器之间共享的/24 网络。VirtualBox 和 Vagrant 会为集群设置一个使用像 172.17.8.0/24 这样的地址空间的内部网络，并且会在该子网段中设置 eth1 作为机器的接口。我们可将该内部网络用于服务发现以及将 NGINX 服务器附加到 Node.js 进程。

　　正如我们可以在图 4.6 中看到的，在网络方面还有更多的处理在进行中。我们仍旧在机器之间使用了相同的/24 私有网络，但现在其唯一目的就是为 flannel 提供一个抽象，它包装了 UDP/8285 上的所有容器流量。每台机器上的内部/16 网络都是在接口 flannel0 上创建的，并且会在用于 docker0 的地址空间中创建一个/24 网络。这会保持运行在相同机器上的容器之间的流量有效进行，并且它也有助于 flannel 理解该拓扑。

　　回顾 2.1.2 节，我们将默认的 Vagrant 仓库文件 user-data.sample 复制为 user-data。如果我们现在查看该文件，就会发现，我们已经告知了 CoreOS 设置 flannel。在 units:段中，我们可以看到 flanneld.service 和启动 etcdctl 来为 flannel 设置网络的 50-networkconfig.conf 文件。这是启动 flannel 并且运行它的最小化配置，因此如果我们一直遵循第 2 章的内容进行实践的话，则应该已经具有所需的一切了。flanneld 应该正在运行，并且我们的 Docker 容器已经在使用它了。

　　提示：这里我们将使用 jq 工具：它是一个命令行 JSON 处理器，其自述为"用于 JSON 数据的 sed"。它默认包含在 CoreOS 中，并且可以在 https://stedolan.github.io/jq 处阅读到与它有关的更多内容。

我们来看看如何才能修改一些东西以便使用 flannel。为此不必修改 helloworld- nginx@
或者 helloworld-nginx-sidekick@，只要修改 helloworld@ 及其 sidekick 即可。我们仍旧希
望 NGINX 在"真正的"机器端口 eth1 上监听，因为我们在考虑将 NGINX 作为这一应用
程序栈的边界；还因为已经配置了 NGINX 以便在上游 Node.js 实例变化时动态变更其配
置(参阅 3.2.2 节)，所以不必动它。当然，我们确实必须修改 helloworld@(代码清单 4.1)以
及 helloworldsidekick@(代码清单 4.2)。

代码清单4.1　code/ch4/helloworld/helloworld@.service: flannel版本

```
[Unit]
Description=Hello World Service
Requires=docker.service
After=docker.service

[Service]
TimeoutStartSec=0
ExecStartPre=-/usr/bin/docker kill helloworld
ExecStartPre=-/usr/bin/docker rm -f helloworld
ExecStartPre=/usr/bin/docker pull mattbailey/helloworld:latest
ExecStart=/usr/bin/docker run --name helloworld mattbailey/helloworld:latest
ExecStartPost=/usr/bin/sh -c 'echo -n FLANNEL_IP= > /run/helloworld.env'
ExecStartPost=/usr/bin/sh -c 'sleep 5; docker inspect helloworld |
  jq -r .[].NetworkSettings.IPAddress >> /run/helloworld.env'
ExecStop=-/usr/bin/docker stop helloworld

[X-Fleet]
Conflicts=helloworld@*
```

从Docker运行时移除-p 3000:3000端口映射，因为我们不再需要打开连接主机接口的端口了

开始为sidekick的消费编写一个环境文件

编写环境文件的其余部分，在给予helloworld一段时间来启动之后，使用jq来解析docker检查它的JSON输出

正如我们所看到的，对于第 3 章的服务单元，并没有做过多修改。我们仅仅增加了一
个额外的步骤来将更多一些上下文提供给该服务(其 Docker IP)。

代码清单4.2　code/ch4/helloworld/helloworld-sidekick@.service: flannel版本

```
[Unit]
Description=Register Hello World %i
BindsTo=helloworld@%i.service
After=helloworld@%i.service
[Service]
EnvironmentFile=/run/helloworld.env
ExecStartPre=/usr/bin/etcdctl set /services/changed/helloworld 1
ExecStart=/usr/bin/bash -c 'while true; do
  [ "`etcdctl get /services/helloworld/${FLANNEL_IP}`"
  != "server ${FLANNEL_IP}:3000;" ] &&
  etcdctl set /services/changed/helloworld 1;
  etcdctl set /services/helloworld/${FLANNEL_IP}
  \'server ${FLANNEL_IP}:3000;\' --ttl 60;sleep 45;done'
ExecStop=/usr/bin/etcdctl rm /services/helloworld/helloworld@%i
ExecStopPost=/usr/bin/etcdctl set /services/changed/helloworld 1

[X-Fleet]
MachineOf=helloworld@%i.service
```

将环境文件从/etc/environment变更为该服务写入的新文件：/run/helloworld.env

使用新的环境变量FLANNEL_IP来设置我们的服务发现键

一旦我们更新了这些文件，则应该就能够销毁我们当前的服务并且启动这些更新后的文件：

```
$ fleetctl destroy helloworld@{1..3}.service \
  helloworld-sidekick@{1..3}.service
$ fleetctl start \
  code/ch4/helloworld/helloworld@{1..3}.service \
  code/ch4/helloworld/helloworld-sidekick@{1..3}.service
```

我们从中得到了什么？
- 我们不再需要暴露 CoreOS 机器物理接口的端口了。
- 我们的容器拥有了一个专用 IP 地址的内部所有权。
- 我们不必实现端口映射逻辑来运行相同机器上的相同容器了。
- 我们可以锁定 CoreOS 机器之间的网络了。

既然我们已经更好地理解了使用 fleet 的 CoreOS 网络，那么复杂应用程序架构就应该更容易构建了，并且我们可以从服务单元所运行的 docker 命令中抽象出我们的网络配置。在某些情况下，我们还可以从运营中免除一些网络配置的负担，并且让它更容易用于以安全受控的方式来实现一个决定其网络配置的服务。接下来，我们要查看在生产环境中使用 CoreOS 的最后一个组成部分：大容量存储。

4.3　我们的大容量存储在何处

CoreOS 中的大容量存储看起来可能像一个谜。如果我们正在将个体机器当作设备来处理，则不应该过多关心其存储。但现实情况是，几乎所有的系统最终都需要一些容量来管理重要的数据，并且，如何以不增加对 CoreOS 状态依赖的方式来构造存储系统可能有些不同于我们过去构造存储系统的方式。

抽象大容量存储并非一个新概念。人们总是一直在数据中心中这样做——存储区域网络(Storage Area Network，SAN)、网络附加存储(Network-Attached Storage，NAS)，以及像 NFS 这样的文件系统已经使用了很长时间。公有云中的存储也是抽象的，具有弹性容量和专用于将数据存储为文件的服务，例如 AWS S3 或者像 AWS RDS 这样的托管数据库系统。不过当我们需要访问一个跨机器共享的文件系统时需要怎么做呢？当然，这并不是一个仅仅 CoreOS 才面临的问题。水平扩展在某种程度上严重依赖本地文件系统访问的应用程序栈总是很困难的。有一些方法可以解决这个问题，并且关于我们的应用程序栈，还有一些因素需要考虑。

4.3.1　数据系统背景

作为开始，我希望指出一点，从架构上讲，依赖一个本地文件系统作为状态源通常是一个糟糕的主意。将数据保留在某种旨在跨结点集群维护其专有可靠性以便满足特定需要的分布式数据库中几乎总是更好的做法。大家可能已经听说过应用到数据库系统的 CAP 定律(一致性、可用性、分区容错性)。在我们将计算机当作设备以便获得高水平扩展性的任何环境中，例如 CoreOS 或者其他环境，分区容错性变成我们数据系统的一项强烈需求。

众所周知的是，CAP 定律建议我们可以"选择三分之二"(参见图 4.7)。这一理念可能有些滥用和误用了，但它表明，这三个可靠性概念或多或少是不太可能同时实现的。

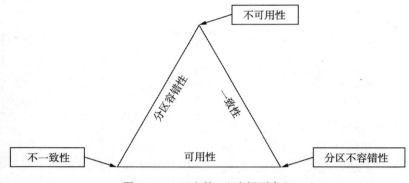

图 4.7　CAP 定律："选择两个"

我们需要分区容错性，这意味着在面对我们希望使用的其他可靠性特性时，我们受到了应用程序需求的限制。为了实现具有分区容错性的高一致特性，有些操作必须被阻塞，直到一项操作完成。我们可以断言，这一场景中的可用性将受损。澄清一下，可用性并不意味着操作失败，但它们可能必须在队列中等待，相较于读操作，这通常更多地会影响写操作。确保高一致性和高分区容错性的数据系统会使用 Raft 协议(https://raft.github.io)。CoreOS 中的 etcd 就是使用 Raft 的数据系统的例子；它需要高一致性，这样我们才能确信任意时间点上的集群状态。

有时也需要具有分区容错性的高可用数据系统。如果我们的应用程序具有高吞吐量的写需求或者不具有同时在集群中每个位置都保持数据一致的强烈需求的话，我们就可以使用这样的一个数据系统。这些系统通常会异步解决一致性问题；人们通常会使用最终一致性这个词来描述它们。它们会频繁地与一个类 Dynamo 协议保持一致[①]。类 Dynamo 数据库的例子就是 AWS 的 DynamoDB、Cassandra 和 Riak。

要描述现代数据系统可能需要很多卷书才行，所以我不会更为深入地研究它；但重要的是描述我们需要在其中进行数据选择的上下文，并且这些措辞将在本节所有内容中用到。在任何分布式系统中，分区容错性都是技术选择的最重要因素。我们在第 3 章结尾处探讨过，新应用程序为何会比遗留的应用程序栈更易于在分布式系统中实现，而这就是其中一个原因。要迁移一个包含不太具有分区容错性的数据层的栈可能会很困难。

4.3.2　NAS 和存储外包

抽象持久化文件系统以便在结点之间分发的首选项就是，完全将文件系统托管在其他位置。很明显，这个选项不包括 SAN。尽管 SAN 可以参与到合适的层中，但在探讨 CoreOS 上下文中的大容量存储时，我们关心的是实际的文件系统，这未必与其在块级别方面所捆绑的程度有关。NAS 解决方案对大家而言应该相当熟悉了，如果大家或多或少参与过运营的话。

---

① 它是以这篇论文命名的：Giuseppe DeCandia 等人所著的"Dynamo：Amazon's Highly Available Key-value Store"，2007 年发表在 Amazon.com，参见 http://mng.bz/YY5A。

数十年来，NFS 一直是业界标准的 NAS 协议。这一小节的标题包含"存储外包"，这是有原因的：尝试在 CoreOS 上将 NFS 作为服务器运行是不可取的。NFS 不具有在结点之间共享其块级别源的工具(这可能完全超出了其作为一项服务的范畴)，因此，通过尝试从 CoreOS 共享文件系统，我们实际上是在添加另一层分区不容错性。不过，另一个方向是合适的。如果我们有一个可靠的 NAS，它在我们的基础设施中提供了 NFS 或者另一个网络化文件系统，那么作为该服务客户端的 CoreOS 就是在结点之间添加一个共享文件系统的好的做法。如果我们采用这一方法，就应该确保使用一个运行 NFSv4 的系统，因为它具有健壮的内置文件锁定机制来确保高一致性，这是使用文件系统的一个要求。

各种 NAS 产品都提供了 NFSv4。AWS 新的(目前仍旧是预览版)弹性文件系统(EFS)就提供了 NFSv4，并且像 NetApp 这样的相当多的商业化 NAS 也都支持这个协议。外部分布式文件系统的最后一个选项就是使用像 s3Fs 这样的挂载了 S3 桶存储作为文件系统的用户级文件系统。这些解决方案往往具有很差的性能，尤其是在写方面，但它们可能会满足我们的需要，如果性能并非一个很大的关注点的话。

4.3.3　Ceph

常见的用于访问大容量存储的另一个选项就是使用一个真正的分布式文件系统。市面上有一些产品可用，但最流行的一个就是 Ceph。Ceph 核心模块是 CoreOS 默认安装的官方组成部分，并且是其中所包含的唯一一分布式并行文件系统。Ceph 的安装可能并不容易，但已经要比一年前简单多了。现在 Ceph 官方支持 etcd 或 consul(由 HashiCorp 发布的一个类似于 etcd 的系统)作为配置后端，这使得其复杂性显著降低了。Ceph 提供了大量的可调参数；这些都不在本书探讨范围内，不过本书将介绍一些基础用途。

Ceph 集群的目标是以可靠方式统一几台机器的存储。在这个示例的结尾处，Ceph 集群看起来将会像图 4.8 一样。

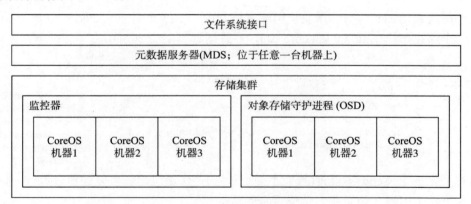

图 4.8　Ceph 集群

图 4.8 显示了 Ceph 集群的分立部分：监控器和对象存储守护进程(Object Storage Daemon，OSD)可以按需运行在集群中的多台机器上(不过，我们至少应该使用三台监控器来实现仲裁)。它们共同组成了存储集群，在该集群上，元数据服务器(Metadata Server，MDS)会协调访问入口和命名空间。文件系统接口是通过 Ceph 核心模块来提供的。Ceph 还具有其他

一些可用的接口，我们可以在 ceph.com 处了解它们。

我们来研究一下第 2 章中所设置的具有开发集群的这个示例。在开始运行 Ceph 之前，我们需要将更多一些存储附加到 VM。可以使用 VirtualBox 的命令行工具完成此任务：

可以为新的磁盘选择任意路径或文件名

这个示例使用了一个1024 MB的磁盘

```
$ VBoxManage createhd \
  --filename ceph-disks/ceph-core-01.vdi \
  --size 1024
$ VBoxManage createhd --filename ceph-disks/ceph-core-02.vdi --size 1024
$ VBoxManage createhd --filename ceph-disks/ceph-core-03.vdi --size 1024
```

现在我们准备好了磁盘，接着就需要关闭集群、获取 VM 名称，并且使用以下命令来附加存储：

在放置第2章中Vagrant文件的目录里，确保集群已经关闭

获取Vagrant创建的VirtualBox VM名称，以便将更多的存储附加到它们之上

```
$ vagrant halt
$ VBoxManage list vms
"vagrant_core-01_1459134252706_21974" {3c944e16-1fcd-4514-b693-98326963a51a}
"vagrant_core-02_1459134273920_21027" {a5bb3429-d9b7-48a7-94ef-99bb05fe1266}
"vagrant_core-03_1459134297702_67743" {71aec75d-aa93-4a6e-b286-f3f2f57a4cf2}
$ VBoxManage storageattach vagrant_core-01_1459134252706_21974 \
  --storagectl 'IDE Controller' --port 1 --device 0 --type hdd \
  --medium ceph-disks/ceph-core-01.vdi
$ VBoxManage storageattach vagrant_core-02_1459134273920_21027 \
  --storagectl 'IDE Controller' --port 1 --device 0 --type hdd \
  --medium ceph-disks/ceph-core-02.vdi
$ VBoxManage storageattach vagrant_core-03_1459134297702_67743 \
  --storagectl 'IDE Controller' --port 1 --device 0 --type hdd \
  --medium ceph-disks/ceph-core-03.vdi
$ vagrant up
```

再次启动集群

在storageattach命令中使用该VM名称，以便将新的磁盘附加到每一个结点

这些磁盘被附加到 VM；需要使用配置将其中一个结点引导进 etcd 中。通过 ssh 连接到其中一个结点(例如 vagrant ssh core-01)，并且运行以下命令：

目前，这可以是etcd或者consul(参阅4.3.3节)

该脚本如何访问etcd:

```
$ docker run --rm -d --net=host \
  -e KV_TYPE=etcd \
  -e KV_IP=127.0.0.1 \
  -e KV_PORT=4001 \
  ceph/daemon:build-master-jewel-ubuntu-14.04 \
    populate_kvstore
```

使用一个特定的映像来确保这个示例如预期般生效

ceph/daemon容器包含需要运行的populate_kvstore脚本

这将产生一个 Ceph 集群键(我们不必记录它)并快速退出。可以使用 etcdctl 来探究对 etcd 写入了什么内容，如果我们希望查看的话：

```
core@core-01 ~ $ etcdctl ls /ceph-config/ceph
/ceph-config/ceph/mds
/ceph-config/ceph/auth
/ceph-config/ceph/global
/ceph-config/ceph/mon
/ceph-config/ceph/osd
/ceph-config/ceph/client
```

显示populate_kvstore脚本所创建的所有键

接下来，我们需要编写一些单元文件启动并且运行 Ceph；代码清单 4.3～4.5 显示了这些单元文件。Ceph 需要三个系统：监控器(mon)、对象存储守护进程(osd)以及元数据服务(mds)。我们必须在每一台机器上运行 mon 和 osd，但仅需要一台 mds(不过可以运行多台)。

代码清单4.3　code/ch4/ceph/ceph-mon@.service

```
[Unit]
Description=Ceph Monitor
Requires=docker.service
After=docker.service

[Service]
Restart=always
RestartSec=5s
TimeoutStartSec=5
TimeoutStopSec=15
EnvironmentFile=/etc/environment
Environment=CEPH_NETWORK=172.17.8.0/24          ◁──── VirtualBox接
Environment=CEPH_NETWORK=172.17.8.0/24                 口的网络
ExecStartPre=-/usr/bin/docker kill %p
ExecStartPre=-/usr/bin/docker rm -f %p
ExecStart=/usr/bin/sh -c "docker run \
  --name %p \
  --rm \
  --net=host \
  -v /var/lib/ceph:/var/lib/ceph \
  -e MON_IP=$COREOS_PUBLIC_IPV4 \
  -e CEPH_PUBLIC_NETWORK=$CEPH_NETWORK \
  -e KV_TYPE=etcd \
  -e KV_IP=127.0.0.1 \
  -e KV_PORT=4001 \
  ceph/daemon:build-master-jewel-ubuntu-14.04 mon"
ExecStop=-/usr/bin/docker stop %p

[X-Fleet]
Conflicts=%p@*
```

代码清单4.4　code/ch4/ceph/ceph-osd@service

```
[Unit]
Description=Ceph OSD
Requires=docker.service
After=docker.service

[Service]
Restart=always
RestartSec=5s
TimeoutStartSec=10
TimeoutStopSec=15
EnvironmentFile=/etc/environment
ExecStartPre=-/usr/bin/docker kill %p
ExecStartPre=-/usr/bin/docker rm -f %p
ExecStart=/usr/bin/sh -c "docker run \
  --rm \
  --name %p \
  --net=host \
  --privileged=true \
  --pid=host \
  -v /dev/:/dev/ \
  -e OSD_DEVICE=/dev/sdb \          ◁──── 所附加的设备应该形如
                                           VirtualBox中的/dev/sdb
```

```
  -e OSD_TYPE=disk \
  -e OSD_FORCE_ZAP=1 \
  -e KV_TYPE=etcd \
  -e KV_IP=127.0.0.1 \
  -e KV_PORT=4001 \
  ceph/daemon:build-master-jewel-ubuntu-14.04 osd"
ExecStop=-/usr/bin/docker stop %p

[X-Fleet]
Conflicts=%p@*
```

确保清理了对象存储，因为我们是在添加一个新的设备。我们在生产环境中管理它的方式可能会不同，因此要阅读Ceph的文档以便了解其含义

代码清单4.5　code/ch4/ceph/ceph-mds.service

```
[Unit]
Description=Ceph Meta Data Service
Requires=docker.service
After=docker.service

[Service]
TimeoutStartSec=0
EnvironmentFile=/etc/environment
ExecStartPre=-/usr/bin/docker kill %p
ExecStartPre=-/usr/bin/docker rm -f %p
ExecStartPre=/usr/bin/docker pull ceph/daemon
ExecStart=/usr/bin/sh -c "docker run \
  --rm \
  --name %p \
  --net=host \
  -e CEPHFS_CREATE=1 \
  -e KV_TYPE=etcd \
  -e KV_IP=127.0.0.1 \
  -e KV_PORT=4001 \
ceph/daemon:build-master-jewel-ubuntu-14.04 mds"
ExecStop=-/usr/bin/docker stop %p

[X-Fleet]
Conflicts=ceph-mds@*
```

确保我们正为这个示例在Ceph上创建一个新的文件系统

使用 fleetctl 在机器上启动并且运行这些文件：

```
$ fleetctl start \
    code/ch4/ceph/ceph-mon@{1..3}.service \
    code/ch4/ceph/ceph-osd@{1..3}.service \
    code/ch4/ceph/ceph-mds.service
```

现在让 Ceph 在整个集群中分发一个文件系统。可以选择使用类似被称为 RADOS 的 Ceph 的 S3 API 工作，以便提供一个分布式 S3 接口来访问这些数据，或者可以直接将其挂载到 CoreOS 中：

Ceph使用了一些身份验证；管理员键写在etcd中

```
$ sudo mount -t ceph 72.17.8.101:/ /media -o
 name=admin,secret=$(etcdctl get /ceph-config/ceph/adminKeyring
 | grep key | cut -d' ' -f3)
$ df -h
172.17.8.101:/    45G  100M    45G    1%  /media
```

在三个20 GB容量存储中的占比，已经占用了总计15 GB的空间用于同步复制

这只是如何启动并且运行 Ceph 作为在文件系统上将状态数据分发到整个集群中的解

决方案的一个基础示例。Ceph 是一个复杂的系统，并且其本身就可以用一整本书的内容来讲解；这里应该可以让大家入门，但其确切的实现需要处理大量的独特细节。如果读者打算(或者必须)使用 Ceph，那就非常有必要阅读 ceph.com 处所提供的文档。

　　最后，我们必须为我们自己和我们的组织决定使用合适类型的存储机制。Ceph 可能会难以支持。如果我们已经使用了 AWS，那么对于解决围绕分布式存储问题以及减轻我们负担的问题而言，使用 AWS EFS(不过在本书编写时它仍旧处于预览版)可能会是一种更好的选择。不过 Ceph 仍旧是这一领域的领导者；其公司最近被 Red Hat, Inc.收购了，因此其工具和文档应该会持续改进。

4.4　本章小结

- CoreOS 官方支持一些最流行的 IaaS 平台：AWS、GCE、DigitalOcean 以及 Rackspace Cloud。
- CoreOS 仅官方支持 OpenStack，但其社区提供了 VMware 的支持。
- 通过 iPXE 可以官方支持裸机部署。
- CoreOS 集群会预期在其必需服务(etcd 和 fleet)和我们自己的服务(可选的)之间通信。
- 我们可以使用 flannel 将网络配置抽象到具有最小开销且高性能、可插拔的后端的软件之中。
- 数据库系统的选择可以影响 CoreOS 中各方面的可靠性。
- 当我们正在移植依赖文件系统的遗留系统时，大容量对象存储可能会是一个挑战。
- 可以通过外部组件(NAS 或者 AWS EFS)来提供分布式文件系统，也可以通过 Ceph 在内部提供。

## 第 5 章

应用程序架构和工作流

5

本章内容:

- 将 CoreOS 构建到应用程序架构中
- 理解十二要素方法论
- 协调开发、持久化和呈现

此时,我们对于 CoreOS 的运行机制应该已经具有了基本的、实际的理解。本章旨在为承担像软件或系统架构师这样角色的人提供一份初级读本。其假设前提是,读者将要为 CoreOS 构建一个新的应用程序,或者将一个已有应用程序迁移到 CoreOS。正因如此,本章会较少提及技术实践,而是更多关注于所有技术实现之前我们需要规划的事项。

5.1 应用程序和十二要素方法论

假定我们的任务是要为一款新的 SaaS 产品设计架构,并且我们希望使用 CoreOS 作为目标平台。那么我们要从何处开始入手呢?这个领域的最佳实践是什么?尽管十二要素方法论(http://12factor.net)并未明确表示是用于 CoreOS 的,但它是一组用于成功架构复杂应用程序栈的准则。这个方法不会定义任何技术或过程,但在以下两方面它是特别有用的,这取决于我们的起始点:

- 如果我们正在全新构建一个应用程序,那么它就可以指引我们的技术和工作流选择。
- 如果我们正在迁移一个已有的应用程序或者要弄明白如何扩展它,那么十二要素方法论就可以让我们知晓,那些困难的任务位于什么位置,以及它们会有多困难。

简要来说,12 要素就是如下这些:

- 代码库——应用程序的代码存在于源控制中,要基于它来进行许多部署。
- 依赖性——库支持应该是明确且隔离的。
- 配置——应用程序配置应该是每个环境一套。
- 后端服务——数据、持久化和外部服务全部都是抽象的。
- 构建、发布、运行——代码库是通过这些严格分离的步骤来部署的。
- 进程——应用程序进程应该是无状态并且不共享任何内容的。

- 端口绑定——应用程序应该能够绑定其自己的服务。
- 并发性——扩展应该是通过增加进程来实现(也称为水平扩展)。
- 可丢弃性——进程应该是可丢弃的并且可以快速启动。
- 开发/生产对等性——开发环境应该尽可能与生产环境类似。
- 日志——日志应该充当事件流并且存在于应用程序中作为对标准输出的无缓冲写入。
- 管理进程——管理工具应该是面向任务的一次性进程。

在本章全部内容中，当这些要素参与到为 CoreOS 架构应用程序的过程中时，我都会提到这些要素。对于 CoreOS 而言，有些要素的相关性会小于其他要素，并且只有我们自己才能决定是否希望将此方法论实现到组织的技术设计过程中。CoreOS 的设计已经满足了这些要素中的许多，因此我们可以开始研究它们每一个以及 CoreOS 可以(或者不可以)在何处发挥作用。

5.1.1　CoreOS 的方法

相信读者一直都在阅读本书，因此我确信，抽象就是我们如何在复杂系统中保持理智，这一观点不会让人意外。我们可能已经体验过，要就那些抽象应该位于何处、它们如何发挥作用以及如何使用它们而达成共识可能会很难。即使是在与 CoreOS 最相关的方面，最佳的实践仍旧是一个开放性问题：虚拟化和容器化在内部具有重叠部分和相互竞争技术。显然，使用 CoreOS，我们就已经决定在虚拟化之上使用容器化来抽象我们的服务；我们已经选择依赖 etcd 和 fleet 来管理至少其中一些配置状态和调度以便进行扩展。使用 CoreOS，还可以管理规模化的状态数据服务，并且通过 flannel 拥有网络抽象系统。

如果这些看上去类似于旗帜鲜明的系统，那是因为它们本来就是如此。将它们规划设计到一起，其目的就是能够即刻解决十二要素的其中一些问题。

1. 代码库

CoreOS 在这方面并没有提供太多东西。只要最终的产品由一个容器和多个服务单元构成，则所使用的代码库和源控制就是微不足道的。当然，根据设计本来就是如此：容器化的基础提供了一个明确的通用平台，因此我们没有被限定于任何一种技术。不过，我们必须在代码库中考虑 CoreOS 部署；5.2 节会研究这方面含义的详情。

2. 依赖性

对于这个要素而言，没什么是通过使用 CoreOS 来显式获取的，除了由于使用容器而实现的固有依赖性隔离之外。因此，我们可能会隐式应用这一要素。

3. 配置

这个要素会确保软件的配置与其环境相关。这意味着不会将配置参数融合到一次构建中，并且会确保，配置中所需的变更内容可以通过环境变量来实现。CoreOS 使用 etcd 来规模化址解决这个问题，它为我们提供了一个专门用于管理环境配置的分布式存储。

4. 后端服务

这个要素更多的是确保位于应用程序之后的服务(比如数据库)都是可替换的。CoreOS

不会显式强制执行这一要素或解决这个问题，但它确实通过根据第三个要素来更好地定义动态配置，从而让这个问题的解决变得更为容易。并且通过使用容器，我们可能已经具有了松耦合的服务。

5. 构建、发布、运行

构建和发布过程不在 CoreOS 可以发挥作用的范畴之中。但 fleet 及其 systemd 版本为应用程序运行时提供了标准，并且容器化隐式提供了某种程度上的发布上下文(比如 Docker 标签)。

6. 进程

CoreOS 使用容器化解决了进程隔离的问题。通过要求我们构建预期可能会丢失状态的容器，CoreOS 也强制执行了该隔离。

7. 端口绑定

CoreOS 也很好地涵盖了端口绑定。容器化和 flannel 提供了工具用于抽象和控制应用程序的端口绑定。

8. 并发性

借助 fleet，CoreOS 提供了很多工具来控制服务单元之间的并发性。flannel 还有助于跨相同进程的多个实例来保持端口配置的一致性。

9. 可丢弃性

CoreOS 严格强制执行可丢弃性。我们必须依赖 fleet 和 etcd 作为真正的架构状态的中心源。

10. 开发/生产对等性

这是通过容器化达成的目标，而并非是 CoreOS 特别提供的特性。

11. 日志

CoreOS 期望所有的容器都仅输出到标准输出和标准错误。它使用 systemd 的日志来控制这个流，并且通过 fleet 来提供对其的访问。

12. 管理进程

CoreOS 没有以任何方式推动创建管理工具，但它的确通过 fleet 和 etcd 提供了一个接口来让那些工具的创建变得更加容易。

在设计应用程序架构时，要牢记这 12 个要素以及 CoreOS 是如何强化其应用程序的。还要记住，这些要素仅仅只是指导原则而已：尤其是在迁移一个具有任何不适配该模型的组件的应用程序时，那些组件可能会难以或者无法被转换成最优的配置。

5.1.2　架构检查清单

要定位架构中的漏洞，需要学习如何开始编写技术设计，以及确定当前设计与最优的十二要素配置相比还差多远，从一份检查清单开始入手是很有用的：

- 我们在为 CoreOS 使用什么基础设施？
- 哪些服务是状态性的，哪些是无状态的？
- 服务之间的依赖关系是否清晰且记录在案？
- 描述那些依赖关系的配置是否为大家所知，并且我们是否可以在 etcd 中应用该模型？
- 进程模型看起来是什么样的？
- 系统的哪些服务和配置需要暴露给集群之外？

如果我们能够使用本章和第 4 章的信息详细地回答所有这些问题，那么我们就准备好构建 CoreOS 中的复杂系统。不过，在开始应用架构之前，我们需要应对应用程序代码中的一些需求。

5.2　软件开发周期

我们已经借助十二要素方法论的概念完成了对于最新项目的技术设计规划过程，其中包括了 CoreOS 所带来的一切内容。各种代码库中存在哪些需要被解决以便让这一设计完全生效的细节？

代码库、依赖项管理以及构建/发布/运行工作流就是软件开发生命周期的所有内容，这个生命周期可能或者可能没有在组织中被很好地定义过。当然，确定如何围绕该周期进行构建或者将 CoreOS 适配到该周期中对于项目取得成功是至关重要的。我们不会研究 Docker 是如何解决其中一些问题的；要了解关于容器优势的更多细节，可以阅读 *Docker in Action*(Nickoloff 著，于 2016 年出版，www.manning.com/books/docker-in-action)，这本书是一个很好的资源。不过特别要说明的是，我们会介绍与 CoreOS 相关的组件存在于代码库的什么地方，还会介绍该代码如何解决服务之间的依赖关系以及如何自动化服务的部署。这主要是高层次的探讨：实际的实现将特定于我们的应用程序和组织。一旦已经规划设计出所有这些组件，我们就做好了创建开发和测试计划以便让应用程序生效的准备。

5.2.1　代码库和依赖性

在本书中，我们已经看到了大量自定义脚本和逻辑被构建出来以便挂接到 CoreOS 的各种特性和系统中。我们绝对应该在源控制中维护单元文件。在何处这样做就开始变得有些棘手。除非我们正在部署单一整体结构的应用程序，且它不依赖任何外部依赖项，否则我们都会具有共享的服务。通常这些服务都是持久化层，这可能多少存在于开发周期之外。我们还可能在使用作为公开提供映像的混合容器(例如，官方的 Docker Hub 库容器)、基于公共映像的容器以及一些完全全新构建的容器。将后面两种类型放入其各自项目的源控制中是很容易的，但对于所使用的直接来源于公共 Docker 库的容器而言，也需要将其服务单元文件放入源控制中。

公共映像的单元文件包含的逻辑可能比自定义单元文件的逻辑更多，因为自定义应用程序更加可能具有内置的环境化集群逻辑，而这是基础 Docker 映像所不具备的。我们将在下一小节中介绍更多关于这一点所具有的含义的内容。如果正在使用 Git，那么我的建议就是维护一个仓库，专用于自定义应用程序中具有 Git 子模块的单元。查看第 6 章，其文件树看起来会有些类似于下面这样。

提示：好的做法是，开始逐步熟悉第 6 章中会开始构建的项目的布局。我们将在本书剩余内容中基于它进行构建。

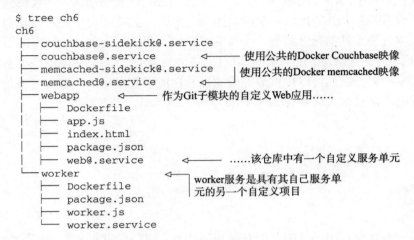

```
$ tree ch6
ch6
├── couchbase-sidekick@.service
├── couchbase@.service              ←─── 使用公共的Docker Couchbase映像
├── memcached-sidekick@.service
├── memcached@.service              ←─── 使用公共的Docker memcached映像
├── webapp         ←─── 作为Git子模块的自定义Web应用......
│   ├── Dockerfile
│   ├── app.js
│   ├── index.html
│   ├── package.json
│   └── web@.service    ←─────── ......该仓库中有一个自定义服务单元
└── worker         ←─── worker服务是具有其自己服务单
    ├── Dockerfile        元的另一个自定义项目
    ├── package.json
    ├── worker.js
    └── worker.service
```

维持像这样的一个布局可以服务于几个目的：

- 可以时刻关注应用程序布局的全局。
- 自定义代码和公开提供的服务之间存在清晰的隔离。
- 可以使用这个具有其子模块的仓库作为全局持续集成的一个模板。
- 服务依赖性变得更为明显。

最后一点尤为重要：轻易地理解项目不同部分是如何彼此依赖的，这一点对于有许多工程师的组织来说是非常有好处的。能够一目了然地理解布局会让这点变得简单。例如，如果 worker 还依赖 webapp，那么我可能会将它变成 webapp 的一个 Git 子模块。不过别急！如果我创建一个同时依赖 webapp 和 worker 的新服务，又该怎么办呢？答案很简单，不要这么做！这样做会破坏十二要素模型中的进程要素，另外，可以认为，也会影响依赖性。我们将在下一节中简要研究微服务；但使用依赖多个其他服务的服务应该被禁止，因为这样做就是在创建服务之间的高耦合性，这会指数级增加复杂性，并且会带来具有级联性的应用程序故障的极端情况，而这些故障可能是难以预测的。如果需要这样做并且仍旧希望保持这类文件树，则可以复制子模块或者将一个子模块符号连接到另一个。

这就为我们提供了环境逻辑和微服务交互，当我们正在基于基础设施即代码来构建服务时，这对于我们的开发周期而言将变得很重要。

5.2.2 环境逻辑和微服务

CoreOS 是一个平台，它依赖于我们围绕它通过 etcd 表述集群状态的方式来构建某种逻辑的能力。我们已经在本书中看到了大量关于 sidekick 以某种方式响应状态或者变更状态的示例。这类逻辑在 Bash 中可能会有些复杂，更不用说此类逻辑会随时间推移而变得难以维护了。

能够在应用程序中编写像 sidekick 这样的响应此状态或写入此状态的服务逻辑和函数，这有时候是很有用的。通常，我们可以从应用程序的运行时中收集到更多与应用程序有关的上下文，这就在应用程序中带来了与 etcd 通信应用程序状态并且使用来自 etcd 的信息的其他机会。

有以许多不同编程语言编写的 etcd 库可用；如果所选的语言没有使用库，则我们总是可以退一步借助简单的 HTTP REST 接口。在我们深入研究这些 API 的使用之前，我们来探讨进程模型。许多项目和工具都旨在将另一个监管层添加到我们的进程；一个好的示例就是用于 Node.js 应用程序的 PM2(不过 PM2 可以启动任何类型的进程)。使用这些类型的系统的充分理由有很多：例如它们可以提供额外的监控和性能报告指标。不过我们还是在实践中来看看在进程树中这看起来会是什么样子：

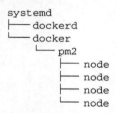

```
systemd
├── dockerd
└── docker
    └── pm2
        ├── node
        ├── node
        ├── node
        └── node
```

尽管十二要素模型中并没有明确声明，但有所帮助的是，可以尝试思考在调度器的上下文中运行的应用程序，并且尝试将它们理解为具有其自身状态的依赖项。结点进程依赖于 pm2，而 pm2 依赖 docker，docker 是松耦合到 dockerd 的。systemd 并不会获知结点进程的状态；实质上，我们是在依赖另一个进程调度器。存在争议的是，这另一个调度器承担的工作所带来的好处是否远胜于由于不使用系统调度器而丢失上下文这一缺陷，不过，如果仅有一个调度器来决定事务运行方式的话，那么其复杂性肯定较少。

为何这一点很重要？如果我们正在遵循微服务模型，那么这样做就开始违背了带来松耦合系统优势的进程隔离原则。它还意味着，我们无法轻易从这个示例中的结点进程已有代码中推导出状态。如果存在多个小服务处理离散事务，那么就能很方便地使用退出码退出程序，这个退出码会为调度器提供获悉该程序是否被应该重启的上下文。例如，如果只有其中一个结点进程抛出了错误并退出，那么这些结点进程是不是都应该运行失败了？或者它们是否会逐个失败并且由 pm2 重启，并且 systemd 永远不会意识到该上下文？

下一章将介绍如何使用此机制。在 Web 服务应用程序中，逻辑会为 Couchbase(下一章中将使用的数据库)所设置的 etcd 键上的 set 操作检查 etcd。如果它发现了这一操作，则会 exit(0)，这会让 systemd 获悉它应该被重启——因为那意味着 Couchbase 已经迁移到另一台机器。在微服务架构中，其中所有一切都是松耦合的，并且启动时间对于进程来说无关紧要，退出进程通常是重建状态的最佳方式。这一模式也很好地遵循了初始状态不可变这一原则，而不是将状态复制到服务中并在其中进行修改的方式。

对于进程架构和状态不可变性的探讨不是一两本书就能讲完的。归根结底，其实现取决于我们自己。作为 CoreOS 上服务的实现者，我们希望在多大程度上严格遵循这些模型，这一点可能并不取决于我们自己，不过我们应该清楚那些选择会如何影响整体系统的复杂性。

5.2.3　应用程序外沿

对于一个成功部署的最后一个考虑事项而言，它是有些超出本书内容范围的：如何将应用程序的外沿暴露给外部。这将特定于应用程序、组织以及我们为基础设施所选择的平台。

检查清单上的最后一项应该涵盖我们需要暴露的项有"哪些"，并且该部分的构造可能会非常紧密地耦合到我们所选择暴露的外沿内容。负载均衡器、DNS、外部日志和告警系统、策略和报告以及备份/恢复程序都是整个系统外沿的组成部分。它们可能是完全独立的系统，就其本身而言，我们可以使用 CoreOS 来部署。决定此层次结构如何运行通常是一个较大的组织性问题(企业架构)，不过我们会希望确定，这些顶层组件具有来自于我们负责部署的栈的独立故障和缩放向量区域。

5.3　本章小结

- 尽可能将十二要素模型应用到应用程序栈。
- 为我们的架构准备一份高层次检查清单，从 5.1.2 节中所介绍的那份开始入手。
- 描绘出服务之间依赖关系的清晰映射。
- 应用程序外沿是最终的目标。同时从内部应用程序需求和该产品外部预期这两方面来进行架构设计，这通常是有用的。

Web 栈应用程序示例

## 第 6 章

本章内容:

- 将一个多层 Web 应用部署到 CoreOS 集群
- 在应用程序逻辑和服务单元文件中应用自动发现系统
- 测试各个独立层之间的故障转移

在本章中,首先我们将在 CoreOS 上实现一个完整的应用程序栈。这本书并非是一本应用程序开发书籍,因此该示例在某种程度上是人为设计出来的,但它类似于我们可能看到过的包含具有不同目的的若干不同服务的任何复杂栈。这个示例会将我们已经学习过的与 CoreOS 有关的信息应用到一个更为真实的场景中。我们要构建和部署的应用程序将在本书后续内容中进行迭代,这正如我们在现实世界中将会遇到的情况。

6.1 示例范围

这个示例将涵盖具有以下组件的一个完整栈 Web 应用的设置:

- Node.js 后端(app.js)运行
- Express HTTP 服务器
- Socket.IO WebSocket 服务器
- 用于数据获取的 Node.js worker 进程(worker.js)
- 用于 express-session 存储的 Memcached
- 作为持久化数据库的 Couchbase
- 用于前端视图构成的 React

在本章结束时,CoreOS 上的基础设施看起来将像图 6.1 一样。我们将具有 Web 应用(app.js)的一个实例和运行在所有三台机器上的一个 memcached 服务,以及一个 Couchbase 实例和一个数据获取程序(worker.js)的实例。

这是我们要设置的一个故意为之的相当复杂的应用程序,并且值得稍微详细地介绍一下为何我要选择这些组件。首先,避免使用广为人知的像 Ruby on Rails、MEAN.io、Meteor 等这样的全栈 MVC 框架,这是一个有意的选择——并非是因为我认为它们在任何方面有不好之处，而是因为已经有了不少编写且脚本化得很好的指南用于让那些框架运行在 CoreOS 中。这样很棒，但无法让我们获悉这些组件是如何通过 CoreOS 彼此交互的。本书的目的在于，为大家提供在 CoreOS 中成功运营任何系统的工具，因为即使我们是在使用一个流行的栈，社区的人都在为这个栈发展用于部署到 CoreOS 的最佳实践，我们还是不希望在某个人添加一个并不适用于其中的新组件时遇到困难。正如大家必定知晓的，在现实世界中，我们会为不同的特性添加或修改组件。

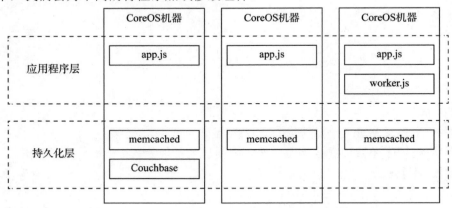

图 6.1 示例的基础设施

关于 Couchbase 的一点附加说明：本章不会介绍 Couchbase 的高可用(HA)、容错性部署。我们将以它不会对这个应用程序造成运行停止的方式来部署它，但我们不会在应用程序被关闭之后持久化数据。在第 7 章中，我们将基于本章的知识进行扩展，并且在扩展该示例以便涵盖一个大数据应用程序示例时构建出具有 HA 和容错性的 Couchbase 集群。

学习期间的评论

在大学期间，我选修了语言学系的一门人类学课程。在这门课程中，我们必须学习一个被称为国际音标(International Phonetic Alphabet，IPA)的系统，它是一个符号系统，表示人类嘴巴可以发出的所有声音。其考试形式是，教授朗诵一篇演讲稿，而我们要用 IPA 来转录它。不过教授从未用英语来进行这些考试，因为要将一门我们已知的语言转录到 IPA 中会更加困难：我们最终需要对信息进行语法分析并且不要倾听其发音。

相同的概念也适用于此处：这些组件并非任何一整套已知全栈系统的组成部分，虽然它们从个体上来讲可能是广为人知的。我们的关注点要放在构造块如何连接上，而不是放在如何移动整个构造上。

6.1.1 这个应用程序会做些什么

这个应用程序的目的在于，从 Meetup.com 的公共 WebSocket API 处聚合一些信息，将这些信息异步存储在 Couchbase 中，并且通过 WebSocket 使用高可用 Web 服务来提供这些信息的查询。我们还要使用 memcached 存储会话。简而言之，该应用会收集、存储和显示数据，而同时又会利用 CoreOS 的特性优势以便实现可扩展性和可用性。我们将需要以下组件：

- 可以水平扩展的 memcached 实例
- 存储关键数据的 Couchbase 结点
- 存储来自 Meetup.com 的数据的单个工作进程
- 可以水平扩展的 Express 和 Socket.IO Node.js 应用

除了增加一个依赖瞬时状态机制的常用组件(memcached)之外，在这个示例中，express-connect 会话不会服务于任何功能性目的。从功能上讲，其他所有一切都旨在构建这个应用程序栈，它看起来类似于旨在为用户聚合和显示信息的任意类型的 Web 应用。该示例使用了 Meetup.com 的流，因为它是一个便利的、公共可用的 WebSocket API，它具有大量的数据包，这样我们就能看到它在运行。可以在 http://mng.bz/pEai 处阅读到与之有关的更多内容，但那些细节信息对于这个示例而言并不是太重要。

这个应用中所有的自定义项都是用 JavaScript 编写的。选择它的原因有几个：

- 可以认为，JS 是目前最流行的语言，并且大多数读者可能都比较熟悉它。
- 其语法足够简洁，读者不必阅读/复制多页代码。
- 有大量的构建样板可用，不必自己编写。
- 有非常大的可能性会遇到在现实环境中部署 Node.js 应用程序的需求。
- 我非常熟悉 JS。

不过尽管如此，JavaScript 知识也并不是本书读者知识基础的先决条件，这个示例从头至尾都包含注释，对于 CoreOS 部署上下文中的应用程序来说，这些注释会解释具有可借鉴之处的重要和不重要的方面。重要的一点是，这个架构看起来是什么样的，这样我们才能理解我们正在部署什么内容。

6.1.2　应用架构概览

图 6.2 显示了这个应用程序是如何被结合到一起的。它应该足够简单，以便我们能够理解所有的组件之间正在进行什么处理，但又足够复杂，以便能够成为涵盖大量常用模式的部署中的一项有意义练习。

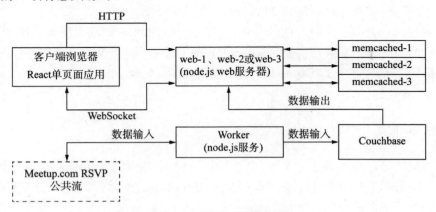

图 6.2　示例应用程序架构

1. memcached "集群"

除了会运行一堆 memcached 进程之外，memcached 在任何方面都并不是真正"集群式的"。其结点不需要彼此知晓，并且其进程不会写入磁盘。用于 express-connect 的 connect-memcached 后端库(会话库)仅需要知道所有的 memcached 结点位于何处即可。这个库使用了一个内部哈希值来获悉在何处查找数据(我们不必为之担心)。如果我们在浏览器中访问应用时获得了 cookie，则表明 express-connect 正在工作。

2. Couchbase 服务器

在安装设置中会更多地涉及 Couchbase。正如我之前所提及的，我们(暂时)还不会持久化数据，但我们必须进行一些设置自动化处理，这样就可以轻易地连接到 Couchbase 服务器。Couchbase 是一个具有健壮集群化能力的文档存储；我们将在第 7 章中专注于会用到它的一个自定义数据系统部署。就目前而言，出于保持专注的目的，我们暂时忽略此部署中这个 HA "所缺失的部分"。将 Couchbase 用于这个应用程序有些杀鸡用牛刀的意味，不过作为起始的入门示例来说，它是合适的，并且其 API 易于使用。

3. 工作线程

许多应用程序都依赖于一个异步工作线程来执行一些任务：在这个例子中，也就是用于数据聚合的任务。就像许多 API 一样，如果我们尝试对其进行过多的连接的话，Meetup 的 RSVP WebSocket 会限制速率。假设我们的网络位于某种 NAT 之后，那么这意味着只需要一个工作线程来收集这些数据即可；该 API 仅允许来自一个 IP 的一个连接。因为它是一个 WebSocket，所以无论如何，我们都无法从使用多个工作线程来收集该数据中获益。这对于 CoreOS 来说是一个绝佳的用例，由于一旦服务运行，我们就不用关心它运行在哪个结点上；并且除了如何连接到 Couchbase 之外，它应该不需要任何状态，因此它可以是完全瞬时的。

4. Web 应用

我们将使用 Express.js(一个流行的 Node.js Web 框架)和 Socket.IO(Node.js 中流行的 WebSocket 实现)的组合来服务于我们的应用程序。Express 会使用 memcached 作为其会话存储来处理会话，并且会提供 index.html 文件。index.html 是一些非常基础的 JavaScript，用于在发送消息时监听 socket.io WebSocket 以及更新页面。

该应用包含一个存在间隔时间的循环，它会从 Couchbase 抓取视图并且通过 Socket.IO 向正在监听的所有客户端发送消息。Socket.IO 拥有响应端口上 WebSocket 事件的能力，这个端口与提供 HTTP 服务的 Express 所用的端口相同，因此我们只需要关心暴露的那个端口即可。

6.1.3　目标环境

不出所料的是，我们将在这个示例中使用具有三个结点的 Vagrant 集群。我们将分别着手处理这些组件中的每一个，不过我们要从 Couchbase 开始，因为可能需要对 Vagrant 开发集群进行一些低级别的变更。

此架构是一种相当常用的分层式 Web 应用，我们之前很可能已经看到过了。在 CoreOS 中构建一个系统时，这些就是我们需要收集到的关于该应用程序的详细信息，以便有效部署它。接下来会介绍持久化层，我们将看到如何开始应用该架构。

6.2 设置持久化层

该应用程序中具有两个表示状态的持久化层(参阅图 6.3)：Couchbase 和 memcached。正如刚才所提到的，在这个示例中，这两者在一定程度上都是瞬时的，但我们会将 Couchbase 当作并非瞬时那样来使用它。

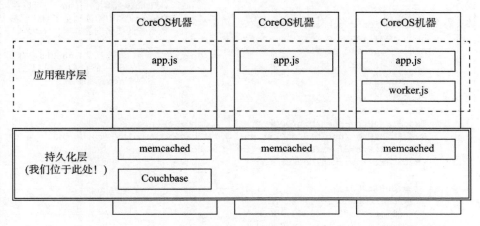

图 6.3 持久化层

在构建复杂应用程序栈，尤其是在开发环境中时，从持久化层开始处理是一个好的任务计划，因为通常而言，就算搞砸了，它也会是我们完全无法清除掉的唯一组件。从 Couchbase 开始处理的另一个原因是，如果没有为实例提供至少 1.5 GB 的 RAM，那么我们可能必须重构 Vagrant 集群。如果我们没有在第 2 章中进行此修改，则可以回顾一下如何为 VM 修改 RAM，但其快速处理如下(vagrant 目录中的 config.rb)：

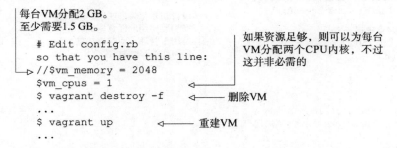

提示：如果正在从宿主机工作站通过 SSH 隧道使用 fleetctl，那么创建新的 VM 将会创建一个新的 SSH 主机键，因此必须删除$HOME/.fleetctl/known_hosts 中的键。

一旦做好上述准备，就可以继续初始化 Couchbase 并且让其运行了。

6.2.1 Couchbase 设置

现在 Vagrant 集群已经准备好了，是时候设置 Couchbase 了。首先，我们需要创建一个新的服务单元模板。

代码清单6.1　code/ch6/couchbase@.service

目前，清理存在的数据

提供20秒重启的缓冲，因为Couchbase
需要一些时间来完全关闭和启动

用于由于任何原因而需要
Couchbase重启的场景

Couchbase特别需要ulimit。可以在
Docker文档中阅读到更多与这些参
数有关的更多内容

可选：为Couchbase打
开一个指向主机IP的
Web管理面板

```
[Unit]
Description=Couchbase Service %i
Requires=flanneld.service
After=flanneld.service

[Service]
TimeoutSec=0
Restart=always
RestartSec=20
ExecStartPre=-/usr/bin/docker kill couchbase-%i
ExecStartPre=-/usr/bin/docker pull couchbase:community-4.0.0
ExecStartPre=-/usr/bin/docker rm -f couchbase-%i
ExecStart=/usr/bin/docker run \
  --rm \
  -p 8091:8091 \
  --name couchbase-%i \
  --ulimit nofile=40960:40960 \
  couchbase:community-4.0.0
ExecStartPost=/usr/bin/bash -c 'sleep 5; \
  FLANNELIP=`docker inspect couchbase-%i | jq -r .[].NetworkSettings.IPAddress`; \
  echo "Started on $FLANNELIP"; sleep 2; \
  until docker run --rm couchbase:community-4.0.0 \
    couchbase-cli \
    cluster-init \
    -c $FLANNELIP:8091 \
    --cluster-username=Administrator \
    --cluster-password=Password1 \
    --services=data,index,query \
    --cluster-ramsize=500; \
```

循环运行知道此任
务成功：设置服务
器的初始化配置

设置初始化集群密码。可以选
择想要使用的任意密码，但这
是用于管理，而非连接的。我
们将在第7章中再次使用它

这一行与我们在第4章中探
讨使用flannel来获取内部IP
时所使用的命令行相同

官方的Couchbase
社区版映像

```
  do echo "Retrying init..."; sleep 2; done \
  docker run --rm couchbase:community-4.0.0 \
    couchbase-cli \
    bucket-create \
    -c $FLANNELIP:8091 \
    -u Administrator \
    -p Password1 \
    --bucket=default \
    --bucket-type=couchbase \
    --bucket-ramsize=500 \
    --bucket-replica=1 \
    --cluster-ramsize=500'
ExecStop=-/usr/bin/docker kill --signal=SIGTERM couchbase-%i
```

设置初始化bucket，它是要
使用的顶层Couchbase命名
空间

注意，我们使用神奇的数字和字符串进行了大量的初始化。在本章后续内容中，我们

将探讨将更多的配置抽象添加到项目中作为一个整体。接下来，这里是该服务的 sidekick。

代码清单6.2　code/ch6/couchbase-sidekick@.service

```
[Unit]
Description=Couchbase Service Sidekick %i
BindsTo=couchbase@%i.service
After=couchbase@%i.service

[Service]
TimeoutStartSec=0
RestartSec=1
Restart=always
ExecStartPre=-/usr/bin/etcdctl rm /services/couchbase/%i     ◄——  确保全新开始处理，以
ExecStart=/usr/bin/bash -c ' \                                     防止这个服务由于TTL
  while true; do \                                                 而过于快地切换主机
    sleep 5; \
    FLANNELIP=`docker inspect couchbase-%i                   如果存在，则更新这
    ➡| jq -r .[].NetworkSettings.IPAddress`; \              个值，或者如果不存
    etcdctl update --ttl 8 /services/couchbase/%i $FLANNELIP || \   在，则设置它，使用
    etcdctl set --ttl 8 /services/couchbase/%i $FLANNELIP; \        8秒的TTL
  done'
ExecStop=-/usr/bin/etcdctl rm /services/couchbase/%i'    ◄——  如果停止，
                                                              则显式清理
[X-Fleet]
MachineOf=couchbase@%i.service
```

这大部分看起来类似于之前的 sidekick，不过有一处不同：使用逻辑来更新或者设置
etcd 键。这一区别很重要，并且该逻辑会像这样运行：如果我们在刷新该键以便让它不要
过期，那么会希望触发一个 update 事件；但如果这对于该结点是一个新的位置，则我们希
望触发一个 set 事件。在本章后续内容中，当我们查看该应用程序时，将会发现，我们是在 set
而非 update 时重启该 Web 服务，因此不会每 5 秒就重启该应用。

现在让 Couchbase 和这个 sidekick 运行起来：

```
$ fleetctl start code/ch6/couchbase@1.service code/ch6/couchbasesidekick@1.service
```

等待几秒钟之后，我们应该能够在 http://172.17.8.101:8091 处查看 Couchbase 管理控制
台，并且用"Administrator"和"Password1"登录。注意，仅启动了使用该模板的 Couchbase
的一个实例。(我们不必将其用作一个模板，但在下一章中使用这一安装设置并且让其变得
高可用时，我们将基于此示例进行构建)。接下来，我们继续要讲解的另一个方面是
memcached。

提示：Couchbase 可以在另一台机器上启动，因此可以使用 fleetctl list-units 进行检查或
者尝试打开 http://172.17.8.102:8091 或 http://172.17.8.103:8091。

6.2.2　设置 memcached

设置 memcached 很简单，并且可以遵循一种类似于 Couchbase 的模式，只不过我们不
需要处理任何引导或登录信息。就像 Couchbase 一样，我们也需要一个主单元模板(代码
清单 6.3)和一个 sidekick(代码清单 6.4)。不同于 Couchbase，我们可以(并且应该)启动多
个实例。

代码清单6.3　code/ch6/memcached@.service

```
[Unit]
Description=Memcached Instance %i
Requires=flanneld.service
After=flanneld.service

[Service]
TimeoutStartSec=0
RestartSec=1
Restart=always
ExecStartPre=-/usr/bin/docker rm -f memcached-%i   ◄─────── 确保全新设置
ExecStartPre=-/usr/bin/docker pull memcached:1                官方的memcached
ExecStart=/usr/bin/docker run --rm --name memcached-%i memcached:1  ◄──  Docker映像
ExecStop=-/usr/bin/docker rm -f memcached-%i
```

到目前为止，这看起来应该相当熟悉：它是一个简单的服务模板，也会运行后自我清理。现在我们要编写一个相当熟悉的 sidekick。

代码清单6.4　code/ch6/memcached-sidekick@.service

```
[Unit]
Description=Register memcached %i
BindsTo=memcached@%i.service
After=memcached@%i.service

[Service]
TimeoutStartSec=0
RestartSec=1
Restart=always
ExecStartPre=-/usr/bin/etcdctl rm /services/memcached/%i
ExecStart=/usr/bin/bash -c ' \
  while true; do \
    sleep 5; \
    FLANNELIP=`docker inspect memcached-%i | jq -
r .[].NetworkSettings.IPAddress`; \
    etcdctl update --ttl 8 /services/memcached/%i $FLANNELIP || \
    etcdctl set --ttl 8 /services/memcached/%i $FLANNELIP; \
  done'
ExecStop=-/usr/bin/etcdctl rm /services/memcached/%i'

[X-Fleet]
MachineOf=memcached@%i.service
```

非常类似于 Couchbase sidekick，我们获取 flannel IP，在 etcd 中用 8 秒的 TTL 将其更新或设置为一个键，并且将其附加到 memcached 单元。可以根据需要运行多个此类 sidekick。

注意，我们并没有为 memcached 提供 Conflicts=的命令行。因为我们正在使用 flannel，可以运行 memcached 的多个实例，而不必连接端口，因为这些实例将运行在 flannel 网络内其自己的 IP 上。我们继续开始着手处理 memcached 集群和 sidekick：

```
$ fleetctl start \
  code/ch6/memcached@{1..3}.service \
  code/ch6/memcached-sidekick@{1..3}.service
...
```

在所有这些系统运行起来之后，就可以像平常那样使用 fleetctl list-units 验证所有一切是否正常，并且检查 etcd 键以确保所有一切都是正确设置的：

```
$ fleetctl list-units
UNIT                      MACHINE                  ACTIVE     SUB
couchbase-sidekick@1.service    72476ea6.../172.17.8.101   active     running
couchbase@1.service       72476ea6.../172.17.8.101   active   running
memcached-sidekick@1.service    ac6b3188.../172.17.8.101   active     running
memcached-sidekick@2.service    b598f557.../172.17.8.102   active     running
memcached-sidekick@3.service    ac6b3188.../172.17.8.103   active     running
memcached@1.service       ac6b3188.../172.17.8.101   active     running
memcached@2.service       b598f557.../172.17.8.102   active     running
memcached@3.service       ac6b3188.../172.17.8.103   active     running
$ etcdctl ls --recursive /services
/services/couchbase
/services/couchbase/1
/services/memcached
/services/memcached/3
/services/memcached/1
/services/memcached/2
$ etcdctl get /services/memcached/1
10.1.35.2
$ etcdctl get /services/couchbase/1
10.1.1.2
```

接下来，我们继续设置该自定义软件应用程序。

6.3　应用程序层

这个示例的应用程序具有两个部分(参见图 6.4)：
- 将运行的唯一一个工作线程，它会观测 Meetup WebSocket 发生的任何变更并且将之写入 Couchbase 文档存储。
- 包含多台 Web 服务器的集群，它运行使用 Express 的自定义后端 HTTP 服务。

对于该 Web 服务，我们将遵循一个单进程模型，因此每个容器都将仅产生一个 Node.js 进程。产生多个 Node.js 进程也是可行的，但那超出了本书的范畴。我们的确具有在相同容器内产生多个进程的能力，或者可以让每个容器产生一个进程并且在每台机器上增加另一个负载均衡层(例如，使用 HAProxy)。

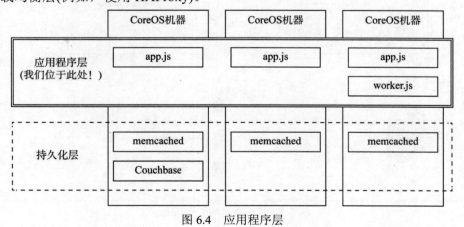

图 6.4　应用程序层

在本书早前的内容中提到过，当面临使用 etcd 进行交互时，我们有一个选项：可以从单元文件中进行大多数的交互；或者应用程序可以与 etcd 通信，etcd 会提供多一些的编程能力，因为有些任务在我们尝试用 Bash 完成时可能会很困难。因为此处正在部署自定义软件，所以这个示例提供了展示该方法的机会；因此单元文件会很简单，并且使用 etcd 进行交互的复杂性将被内置到应用程序中。

6.3.1   工作线程

如今，工作线程模式在软件开发中很常见，尤其是在处理或者聚合大量数据的系统中。任何不需要被用户实时消费的内容以及可以异步处理的内容都可以使用工作线程。

在这一节的结尾处，我们将看到数据开始填充到设置好的 Couchbase 服务器中(参见图 6.5)。在这个例子中，工作线程会从发出 Meetup.com 所提供的 RSVP 的 WebSocket 中收集数据，并且将该数据导入 Couchbase 中。我们可能希望这样做，因为我们无法查询 Meetup.com 的历史 RSVP，并且只能实时消费它们；因此这实质上是在触发事件时对该数据流进行归档。让我们开始使用该服务单元文件，因为它相当简单。

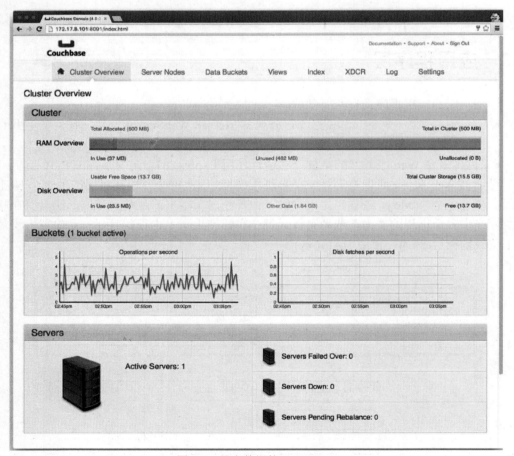

图 6.5   具有数据的 Couchbase

代码清单6.5　code/ch6/worker/worker.service

```
[Unit]
Description=Worker Service
Requires=flanneld.service
After=flanneld.service

[Service]
TimeoutStartSec=0
RestartSec=10
Restart=always
ExecStartPre=-/usr/bin/docker rm -f worker
ExecStartPre=/usr/bin/docker pull mattbailey/ch6-worker:latest
ExecStart=/usr/bin/docker run --rm --name worker
    -e NODE_ENV=production mattbailey/ch6-worker:latest
ExecStop=-/usr/bin/docker rm -f worker
```

如果工作线程无法找到Couchbase
服务器，那么它将总是会退出。此
处要在启动之间给它一点时间

传递一个环境变量NODE_ENV=production。
这是Node.js应用的一个通用约定，但将使用
它来根据环境配置该应用

这将在公共Docker Hub账户上保持可用，如果希望使
用它而不是自行构建该应用的话。我们在这里使用
:latest，这样就总是会自动使用最新发布的版本

该工作线程的 Dockerfile 也很简单，并且几乎与 helloworld 示例相同，只不过我们甚至不必暴露一个端口。

代码清单6.6　code/ch6/worker/Dockerfile

```
FROM library/node:onbuild
```

另外，使用一些依赖项为该工作线程创建 package.json 文件。

代码清单6.7　code/ch6/worker/package.json

```
{
  "name": "ch6-worker",
  "version": "1.0.0",
  "description": "Example Worker Process",
  "main": "worker.js",
  "scripts": { "start" : "node worker.js" },
  "dependencies": {
    "couchbase": "^2.1.6",
    "node-etcd": "^4.2.1",
    "websocket": "^1.0.23"
  },
  "author": "m@mdb.io",
  "license": "ISC"
}
```

告知node:onbuild Docker容
器，将此作为其入口点运行

用于与Couchbase通信的库
用于与etcd通信的库
用于通常的WebSocket使用的库

这也类似于 helloworld 应用，但具有了新的依赖项。现在，我们来看看该工作线程。

代码清单6.8　code/ch6/worker/worker.js

```
const Etcd = require('node-etcd')
const W3CWebSocket = require('websocket').w3cwebsocket
const couchbase = require('couchbase')
const os = require('os')
```

```javascript
const isProd = (process.env.NODE_ENV === 'production')

const thisIp = (isProd) ?
  os.networkInterfaces().eth0
  .filter(v => v.family === 'IPv4')[0].address
  : '127.0.0.1'
const etcdAddress = (isProd) ?
  thisIp
  .split('.').slice(0,3).concat(['1'])
  .join('.') : '127.0.0.1'

const etcd = new Etcd(etcdAddress, '2379')
const couchbaseWatcher = etcd
  .watcher('services/couchbase', null, {recursive: true})

couchbaseWatcher.on('set', newCouchbase => {
  console.log('new couchbase config',
    newCouchbase.body.node.nodes)
  process.exit(0)
})

const connection = (process.env.NODE_ENV === 'production') ?
  `couchbase://${etcd.getSync('services/couchbase', {recursive: true})
    .body.node.nodes.map(v => v.value).join(',')}` :
  'couchbase://127.0.0.1'

console.log('current connection:', connection)
const client = new W3CWebSocket('ws://stream.meetup.com/2/rsvps')
const cluster = new couchbase.Cluster(connection)
const bucket = cluster.openBucket('default')
function store(data) {
  bucket.upsert(Date.now().toString(),data || 'empty',() => {})
}
client.onmessage = data => { store(JSON.parse(data.data).event) }
```

如果处于生产环境,则获取容器中eth0的IP地址(flannel地址);否则获取本机地址

如果处于生产环境,则给出可以在哪个IP上访问etcd

创建事件发送器以便观测这一etcd端点(Couchbase sidekick设置的那个)

日志记录,这样就能在日志中看到该工作线程正要重启,以及重启的原因

如果未处于生产环境,则将连接字符串设置为本机地址(用于开发)

从services/couchbase/之下的键内容中组装一个用于Couchbase连接的连接字符串URI

如果观测器在任何Couchbase etcd键上发现了set事件,则它会退出该工作线程,造成systemd重启它

在客户端发出一条消息时将数据推送到Couchbase中

数据库插入函数,使用时间戳作为键

WebSocket客户端连接到Meetup.com RSVP流

日志记录,这样就能看到该工作线程正尝试连接

如果这看起来有些棘手,或者读者仅具有少量或者不具有 JavaScript 经验,那么也没关系;我们将逐步介绍该代码。这里有很多内容对于本书来说是不重要的:为了减轻读者的认知负担,此处要说明一下,顶部的 require()语句会导入库,而结尾处的许多未注释行的设置是为了写入 Couchbase 服务器。我已经使用了大量的简写,以便让篇幅简短,但这是大家应该借鉴的内容,以便作为该程序的逐步处理过程:

(1) 确定其本身在 flannel 中的专用 IP(只有这样我们才能获知 etcd IP);例如,10.1.1.3。

(2) 获知 etcd IP;例如,10.1.1.1。

(3) 设置对用于 Couchbase 的 etcd 键的观察。

(4) 如果/services/couchbase/中存在任何新的键，则退出该程序。

(5) 从/services/couchbase/的 etcd 键中拼写出一个连接字符串(例如 couchbase://10.1.1.2)。

(6) 监听 RSVP 套接字，并且将其消息写到 Couchbase。

大家会注意到，这个程序的大多数代码都是在处理 CoreOS 环境的上下文。功能性的工作线程部分仅仅是最后五行。当然，这是一个简单的示例；不过我们可以看出，有时候，将这类上下文逻辑放在单元文件之外会使得为基于集群状态的服务编写复杂逻辑这一任务更为容易一些。

现在，我们可以让工作线程服务运行起来了！不过要注意：我们正在连接到一个将会立即对数据库开始写入内容流的活动服务。这个流相当缓慢——可能每秒四个事件——不过如果我们忘记停止该工作线程，则会消耗光 VM 的硬盘空间。另外，要确保只会运行一个工作线程。fleet 应该阻止我们运行多个工作线程，不过如果我们设法这样做了，那么 Meetup.com 很可能最终会将我们的 IP 地址加入黑名单，而其屏蔽时间是未知的。牢记这一点之后，就可以启动它并且开始观察日志了：

```
$ fleetctl start code/ch6/worker/worker.service
Unit worker.service launched on 72476ea6.../172.17.8.101
$ fleetctl journal -f worker
...
May 27 21:44:30 core-01 systemd[1]: Started Worker Service.     应该会看到一次
...                                                              成功的启动……
May 27 21:44:31 core-01 docker[14982]: current connection: couchbase://10.1.1.2
……以及一个有意义的
Couchbase URI
```

如果在启动时打开用于 Couchbase 的 Web 管理端口，那么现在就可以访问它(http://172.17.8.101:8091/)并且看到传入的数据。这看起来应该类似于这一节开始处的图 6.5：主管理页面应该显示一个 bucket 处于活动状态，还有一个非常好看的显示每秒进行中活动的图片。

恭喜你！现在已经具有了一个完整的数据聚合系统！这是一种可以借鉴的用于希望在 CoreOS 上部署的任意工作线程类型程序的模式。像聚合器、爬虫和科学计算工作线程这样的程序都能很好地适用这个模型。接下来，我们将继续讲解该 Web 应用，这样大家就能看到一些数据。

6.3.2 Web 应用

非常类似于工作线程，我们将要在应用程序逻辑中进行大部分的复杂上下文配置，这样服务单元就会非常简单。唯一的区别在于，我们将运行多个实例，因此需要制作一个模板，如下面的代码清单中所示。这是一个简单的应用，它仅仅会显示一些数据以便证明所设置的一切都能正常运行；在本章结尾处，我们将拥有一个看起来类似于图 6.6 的站点。

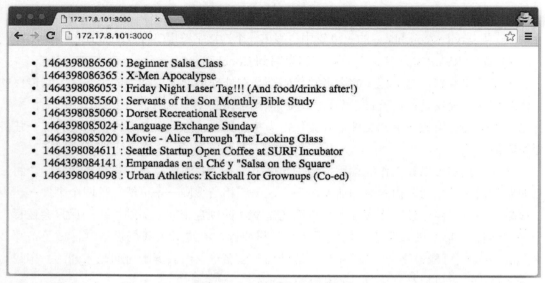

图 6.6　让人激动的杀手级应用

代码清单6.9　code/ch6/webapp/web@.service

```
[Unit]
Description=Express and Socket.io Web Service %i
Requires=flanneld.service
After=flanneld.service

[Service]
TimeoutStartSec=0
RestartSec=5
Restart=always
ExecStartPre=-/usr/bin/docker rm -f web-%i
ExecStartPre=/usr/bin/docker pull mattbailey/ch6-web:latest
ExecStart=/usr/bin/docker run \
  --rm \
  -p 3000:3000 \            ←———┐ 与工作线程稍微不同的一
  -e NODE_ENV=production \        点是，暴露了一个端口
  --name web-%i \
  mattbailey/ch6-web:latest
ExecStop=-/usr/bin/docker rm -f web-%i

[X-Fleet]
Conflicts=web@*.service     ←———┐ 因为暴露了一个端口，所以相同
                                  机器上只能运行一个端口
```

就像 mattbailey/ch6-worker 映像一样，我会将此留在 Docker Hub 上，以便读者不希望自己从 Dockerfile 中构建它——这会为我们带来简单的 Dockerfile(它与 helloworld 示例中的那个相同)。

代码清单6.10　code/ch6/webapp/Dockerfile

```
FROM library/node:onbuild
EXPOSE 3000
```

package.json 文件也是类似的。

代码清单6.11　code/ch6/webapp/package.json

```json
{
  "name": "ch6-web",
  "version": "1.0.0",
  "description": "Example Web App",
  "main": "app.js",
  "scripts": { "start" : "node app.js" },
  "dependencies": {
    "connect-memcached": "^0.2.0",
    "couchbase": "^2.1.6",
    "express": "^4.13.4",
    "express-session": "^1.13.0",
    "node-etcd": "^4.2.1",
    "socket.io": "^1.4.6"
  },
  "author": "m@mdb.io",
  "license": "ISC"
}
```

这会拉入更多用于 Express、memcached 和 Socket.IO 的库。在我们开始研究后端应用程序之前，来看看将会为用户提供的单个 index.html 文件(参见代码清单 6.11)。这实质上是一个单页面应用程序，意味着服务器并非以动态方式提供任何 HTML：它是在提供单个文档，并且其余的元素都是由 JavaScript(具体而言就是 JSX)在该页面中动态创建的。此 JavaScript 仅运行在浏览器中，并且它也会为消息监测 socket.io WebSocket，这样它就能更新该页面而不需要请求任何导航。为此我使用了一个称为 React 的 UI 框架，主要是因为它是目前流行的并且足够简洁(再次强调简洁性)，它不会占据过多的文本空间。

代码清单6.12　code/ch6/webapp/index.html

它以及其下的三段脚本都是提供在页面内写入JSX能力的库

socket.io将从Web应用中提供这段脚本以便设置WebSocket连接

它与其下的CSS文件都是简单的被称为 NProgress 的YouTube风格进度栏，它们可以在大家浏览该站点时提供表明处理正在进行的指示

```html
<!DOCTYPE html>
<html>
  <head>
    <script src="https://cdnjs.cloudflare.com/ajax/libs
    ➥/react/15.1.0/react.min.js"></script>
    <script src="https://cdnjs.cloudflare.com/ajax/libs
    ➥react/15.1.0/react-dom.min.js"></script>
    <script src="https://cdnjs.cloudflare.com/ajax/libs
    ➥/babel-core/5.8.23/browser.min.js"></script>
    <script src="https://cdnjs.cloudflare.com/ajax/libs
    ➥/nprogress/0.2.0/nprogress.min.js"></script>
    <link rel="stylesheet" href="https://cdnjs.cloudflare.com/ajax/libs
    ➥/nprogress/0.2.0/nprogress.min.css">
    <script src="/socket.io/socket.io.js"></script>
  </head>
  <body>
    <div id="mount-point"></div>
    <script type="text/babel">
```

```
                    ┌─→    const Rsvps = React.createClass({
                ┌───┼─→      _onMessage: function(data) {this.setState({items: data})},
                │   │        getInitialState: function() { return { items: [] } },
            ┌───┼───┼─→      render: function() {
            │   │   │          const createItem = (item) =>
            │   │   │            { return <li>{ item.key } : { item.value }</li> }
            │   │   │          return <ul>{ this.state.items.map(createItem) }</ul>
            │   │   │        }
            │   │   │      })
            │   │   │      const rsvps = ReactDOM
            │   │   │        .render(<Rsvps />, document.getElementById('mount-point')) ◄──┐
            │   │   │      const meetupSocket = io()                               ◄──────┼──┐
            │   │   │      meetupSocket.on('message', (data) => {                          │  │
            │   │   │        NProgress.start()                                             │  │
            │   │   │        rsvps._onMessage(data)                              ◄─────────┼──┼─┐
            │   │   │        NProgress.done()                                              │  │ │
            │   │   │      })                          在这个监听器中，如果在meetupSocket      │  │ │
            │   │   │      </script>                   上发现了消息，则会用Rsvps类中的         │  │ │
            │   │   </body>                            _onMessage函数更新该元素  ────────────┼──┼─┘
            │   │   </html>                                                                 │  │
            │   │                                                                           │  │
            │   └── 每个React组件都具有一个创建页                                               │  │
            │       面元素的render方法                                                       │  │
            │                                                          设置socket.io  ──────┘  │
            └── (用新数据)更                                           事件发送器                 │
                新组件的状态                                                                    │
                                                                                              │
                创建动态未排序列表                            将Rsvps元素装载到<divid= ───────────┘
                <ul>元素来显示RSVP                            "mount-point"></div>元素
```

如果读者对于客户端 JavaScript 编程没有太多经验，请不要担心；这段代码的大部分都是为了构建一个动态元素。从根本上讲，这段代码类似于工作线程中的代码！它会监听 WebSocket 并且在获得一条新消息时更新页面，与工作线程监听 WebSocket 并且更新 Couchbase 的方式相同。归根结底，这只是一个视图，并且对于读者而言，为这个示例而深入了解它并没有太大必要；不过它是展示 Web 应用正在运行的最简单方式，并且它绝对会是任何完整 Web 应用的一部分。

我们要如何提供这个 HTML 和 JavaScript？当然是使用更多的 JavaScript！以下代码清单显示了应用程序服务器端。

代码清单6.13　code/ch6/webapp/app.js

```javascript
const Etcd = require('node-etcd')
const path = require('path')
const app = require('express')()
const http = require('http').Server(app)
const session = require('express-session')
const MemcacheStore = require('connect-memcached')(session)
const couchbase = require('couchbase')
const io = require('socket.io')(http)
const os = require('os')

const isProd = (process.env.NODE_ENV === 'production')

const thisIp = (isProd) ?
 os.networkInterfaces().eth0
 .filter(v => v.family === 'IPv4')[0].address
 : '127.0.0.1'
```

```javascript
const etcdAddress = (isProd) ?
  thisIp
  .split('.').slice(0,3).concat(['1'])
  .join('.') : '127.0.0.1' `

const etcd = new Etcd(etcdAddress, '2379')
const memcacheWatcher = etcd
  .watcher('services/memcached', null, {recursive: true})
const couchbaseWatcher = etcd
  .watcher('services/couchbase', null, {recursive: true})

couchbaseWatcher.on('set', newCouchbase => {
  console.log('new couchbase config', newCouchbase)
  process.exit(0)
})
memcacheWatcher.on('set', newMemcache => {
  console.log('new memcache config', newMemcache)
  process.exit(0)
})
const config = (isProd) ?

{
  couchbase: `couchbase://${etcd.getSync('services/couchbase',
  {recursive: true})
    .body.node.nodes.map(v => v.value).join(',')}`,
  memcached: etcd.getSync('services/memcached', {recursive: true})
```

用于对services/memcached中
etcd键变更的事件发送器

使用一个对象而非一个字
符串来设置配置,这样就
能同时得到Couchbase和
memcached的配置

初始化memcached
会话存储

类似于Couchbase配
置,返回一个数组
或者memcached实例

要从Couchbase中读取数据,必须将一
个map函数组装为一个视图。这是一
个简单的函数,它会发送RSVP ID和
Meetup事件名称

Couchbase中的内务处
理,它会为应用提供
创建视图的能力

```javascript
    .body.node.nodes.map(v => `${v.value}:11211`)
} : {
  couchbase: 'couchbase://127.0.0.1',
  memcached: ['127.0.0.1:11211']
}

console.log('current config:', config)

const cluster = new couchbase.Cluster(config.couchbase)
const memStore = new MemcacheStore({ hosts: config.memcached })

const bucket = cluster.openBucket('default')
const bucketMgr = bucket.manager()
const ddocdata = {views:{by_id:{ map:'function (doc) {
  emit(doc.event_id, doc.event_name) }'}}}
bucketMgr.upsertDesignDocument('ddocid', ddocdata, () => {})
const query = couchbase.ViewQuery
  .from('ddocid', 'by_id').order(2).limit(10)
app.use(session({
  saveUninitialized:true,
  resave: false,store: memStore,
```

使用该视图的查询,
将它限制为以反向键
顺序返回10个结果

将视图保
存到bucket

```
      secret: 'coreosinaction' }))
    app.get('/', (req, res) =>
      res.sendFile('./index.html', {root: path.join(__dirname)}))
    io.on('connection', socket =>                     设置express-session
      setInterval(() =>                               使用memcached存
        bucket.query(query, (err, results) =>         储作为其后端
          io.emit('message', results)), 5000))

    http.listen(3000)                        设置socket.io运行,并且
                                             每5秒钟(5000 ms)将查询
    在/ URL处提供        打开HTTP监听器,       结果((bucket.query()))发送
    index.html文件       以便客户端连接         到任何已连接的客户端
```

这看起来难以接受,尤其是对于不熟悉 Node.js 的读者而言。如果还没有阅读关于工作线程的一节内容(6.3.1 节),请务必回过头去读一下,因为此处存在大量重复的内容。

顶部引入了库,然后是大量与工作线程中相同的上下文逻辑,以便生成到 memcached 和 Couchbase 的连接,并且在它们发生变化时退出该程序。这里唯一的区别在于,要同时对 memcached 和 Couchbase 进行这样的处理;而工作线程中我们仅需要关心 Couchbase。

一旦向下进入(同样,相对于上下文代码而言很小)应用程序逻辑,就会发生更多一些事情:

(1) 设置 Couchbase 中的一个视图。这如何发挥作用并不重要,我们仅需要一个视图从 Couchbase 中查询数据。可以将它视作一个存储过程,如果大家熟悉 SQL 的话。

(2) 设置一个会在浏览器中设置 cookie 的会话。它是由 memcached 集群返回的,但不用于任何处理。

(3) 在/处提供单一的 index.html 文件。

(4) 对于每一个通向 WebSocket 的连接,我们都要每 5 秒钟开始将查询到的数据发送回客户端。

(5) 为了清晰起见,WebSocket 和 HTTP 数据都是通过端口 3000 来提供的。

就是这样了!现在我们可以部署该面向客户端的 Web 服务。使用 fleet 启动三个 Web 单元,并且(选择性)观测日志输出:

```
$ fleetctl start code/ch6/webapp/web@{1..3}.service
...
$ fleetctl journal -f web@1
...
May 27 23:29:12 core-02 systemd[1]:
 ➥Started Express and Socket.io Web Service 1.
...
May 27 23:29:13 core-02 docker[10696]:
 ➥current config: { couchbase: 'couchbase://10.1.1.2',
May 27 23:29:13 core-02 docker[10696]:
 ➥memcached: [ '10.1.35.2:11211', '10.1.57.2:11211', '10.1.35.3:11211' ] }
```

该 Web 应用成功启动。我们来看看目前所有运行中的服务。

代码清单6.14　所有的单元

UNIT	MACHINE	ACTIVE	SUB
couchbase-sidekick@1.service	72476ea6.../172.17.8.101	active	running
couchbase@1.service	72476ea6.../172.17.8.101	active	running
memcached-sidekick@1.service	ac6b3188.../172.17.8.103	active	running
memcached-sidekick@2.service	b598f557.../172.17.8.102	active	running
memcached-sidekick@3.service	ac6b3188.../172.17.8.103	active	running

```
memcached@1.service      ac6b3188.../172.17.8.103      active    running
memcached@2.service      b598f557.../172.17.8.102      active    running
memcached@3.service      ac6b3188.../172.17.8.103      active    running
web@1.service            72476ea6.../172.17.8.101      active    running
web@2.service            b598f557.../172.17.8.102      active  running
web@3.service            ac6b3188.../172.17.8.103      active  running
worker.service           72476ea6.../172.17.8.101      active  running
```

我们应该能够在端口 3000 上访问那些主机的任何一个(例如，http://172.17.8.103:3000)并且查看我们优秀的新 Web 应用！该页面应该会每 5 秒钟从 socket.io 事件中自我更新并且展示新的数据。我们已经成功将第一个自定义的全栈应用程序部署到 CoreOS 集群，但仍旧有更多的工作要做。

6.4　由此向何处发展

现在我们已经在 CoreOS 上构建出应用程序栈，又要如何测试故障，以及下一次迭代会是什么样子呢？这一节将介绍这两方面的内容，并且将作为下一章的内容基础。到这一节结束时，我们应该能够测试应用程序的恢复能力并且理解如何改进已经开始开发的部分。我在本书中探讨了大量与容错性有关的内容，因此下面从一次中断开始介绍。

6.4.1　对故障进行响应

就像所有复杂部署的应用程序一样，我们希望能够测试系统中的故障。(在本章中)我们已经就 Couchbase 数据库将会发生的数据丢失提醒过大家注意，如果 Couchbase 服务器运行其上的机器宕机就会出现这种情况，我们整个应用程序栈都应该相当优雅地度过一台机器的故障。不过要记住，在三台机器的集群中，etcd 无法用单个结点重新达成仲裁数量。在现实环境的部署中，我们总是会提供足够多的机器，因为预期会出现集群分区，就像之前在 4.3 节中所探讨的那样。

要查看发生了什么，需要打开两个终端：一个用于运行命令以便破坏一台机器，另一个用于跟踪没有被破坏的机器的日志以便查看服务如何做出响应。最大的故障就是消除 Couchbase 正在其上运行的结点。我们知道那将造成数据丢失，但该服务应该仍旧会迁移到集群中的另一台机器上。

在一个终端中，检查以便找出没有运行 Couchbase 的机器，并且跟踪运行在该机器上的 Web 服务的日志：

```
$ fleetctl list-units | grep -E 'web|couchbase@'
couchbase@1.service    7c5009d9.../172.17.8.102  active  running
web@1.service          a54ea5bc.../172.17.8.103  active  running  ⟵
web@2.service          7c5009d9.../172.17.8.102  active  running
web@3.service          9e08f1b2.../172.17.8.101  active  running
$ fleetctl journal -lines 2 -f web@1
-- Logs begin at Sat 2016-05-28 04:13:47 UTC. --
May 28 04:29:46 core-03 docker[2964]:
  ➥current config: { couchbase: 'couchbase://10.1.15.2',
May 28 04:29:46 core-03 docker[2964]:
  ➥memcached: [ '10.1.58.3:11211', '10.1.58.2:11211', '10.1.53.2:11211' ] }
```

看起来web@1运行在没有运行couchbase@1的机器上，所以跟踪其日志现在，我们正在跟踪 web@1 的日志。可以看到其从初始配置连接到三个 memcached 实例和 Couchbase 开始的日志输出。在一个新的终端中，销毁掉 core-02，也就是运行 Couchbase 和一个 memcached 实例的位置(首先，确保正处于放置 Vagrantfile 的目录中)：

```
$ vagrant halt core-02
==> core-02: Attempting graceful shutdown of VM...
```

halt 与 destroy 的对比

注意，我们总是在这些场景中使用 vagrant halt，而不是更强有力的 vagrant destroy。对于集群而言，其表现会与它宕机时一样(如果需要，大家可以亲自尝试一下：这更类似于拔掉电源线)。

与 vagrant destroy 的不同之处在于，我们无法使用 vagrant up 将该结点重新联结到集群——这并非因为在 CoreOS 中无法这样做，而是因为 Vagrant 脚本要对全新的结点进行许多引导处理，而这些处理不会应用于一个刚刚停止的结点，因此我们最终会面临一个完全依靠其自身的结点。在现实环境中，我们不会进行 Vagrant 所进行的那些引导处理，因此我们可以随意移除和添加结点。

我们回过头来看看正在跟踪 web@1 日志的终端：

```
May 28 04:40:38 core-03 docker[2964]: new couchbase config{ action: 'set',
May 28 04:40:38 core-03 docker[2964]:   node:
May 28 04:40:38 core-03 docker[2964]:    { key: '/services/couchbase/1',
May 28 04:40:38 core-03 docker[2964]:      value: '10.1.53.5',
...
May 28 04:40:43 core-03 systemd[1]:
➡web@1.service: Service hold-off time over, scheduling restart.
May 28 04:40:43 core-03 systemd[1]:
➡Stopped Express and Socket.io Web Service 1.
...
May 28 04:40:45 core-03 systemd[1]:
➡Started Express and Socket.io Web Service 1.
...
May 28 04:40:46 core-03 docker[7141]:
➡current config: { couchbase: 'couchbase://10.1.53.5',
May 28 04:40:46 core-03 docker[7141]:
➡memcached: [ '10.1.58.3:11211', '10.1.58.2:11211', '10.1.53.2:11211' ] }
```

来自 etcd.watch() 发送器的日志

来自应用在其再次启动并且生成一个新配置之后的日志

6.4.2　遗漏了什么

这个示例遗漏了一些东西。首先就是数据存储的可靠性，我们将在下一章中探讨它。

其次，我们现在有三台运行边缘服务(Web 应用)的服务器。在某些时候，我们需要将一个负载均衡器放在它们之前，并且那可能意味着将一些新的 sidekick 添加到 Web 服务或者扩展该应用程序以便提供健康检查端点。如何实现这一点取决于我们自身。或者，我们也可以进行一些智能的轮询 DNS 设置；例如，AWS Route 53 具有内置的可以变更 DNS 的健康检查，只要我们可以接受在一台服务器宕机时对于一些客户端而言所出现的 DNS TTL 长度的宕机时间。

最后，该应用程序端口、超时等配置中存在大量神奇的数字。最理想的情况是，在生产环境中，我们会希望将所有这些抽象到 etcd 中，并且将之用作真实配置的中央源，这样我们就能在需要时配置这些项了。

6.5　本章小结

- 制定将复杂架构应用到 CoreOS 的实践计划。
- 了解如何隔离式测试栈中的每个部分。
- 确定栈的哪些部分需要冗余。
- 理解某些部分出现故障时的事件顺序。
- 尝试识别出实现的缺陷(在这个例子中就是 Couchbase 机器故障时的数据丢失)。

## 第7章

大数据栈

7

本章内容：
- 为第 6 章中的数据存储增加可靠性
- 在 CoreOS 中管理分布式持久化数据存储
- 模拟数据系统中的故障

在本章中，我们将构建一个大数据聚合平台，它会针对 Twitter 使用随机搜索查询来为一个数据库填充内容。我们将构建一个小型的语料数据库，让 Twitter 进行速率限制(同时仍旧保持良好 API 调用方的身份)，并且查看如何处理好关键性任务(尽管是随机的)数据。我们的应用程序将像这样运行：

(1) 六个无状态工作线程将生成一个随机词并且在 Twitter API 上搜索它。

(2) 其结果将被存储到 Couchbase 中。

(3) 工作线程将继续每 100 ms 并行搜索，直到它们受到速率限制。

(4) 一旦它们受到速率限制，它们就会在 etcd 中设置一个 15 分钟 TTL 的分布式锁。

(5) 出现该锁时，所有的工作线程都会快速退出。

(6) 当锁过期时，工作线程将会从步骤(1)重新开始。

这将会是第 6 章中应用程序的演化版本，因此我们必须首先完成该项目。我们正转向一个分布式数据系统，它将提供更高的性能、更大的能力以及更高的可用性。我们还会介绍一个数据源，它将允许我们对其使用多个同步连接，这不同于 Meetup.com 流。这让我们可以使用一大批工作线程并且用一个分布式锁来控制它们。

7.1 本章示例的范围

这一基于第 6 章示例的扩展将让 Couchbase 成为我们系统的一部分，它将具有从故障中恢复的能力并且会为高可用性提供一些简单的载体并且为性能提供扩展性。对于前一个示例来说，Couchbase 肯定是过于强有力的工具；但本章将介绍，要在 CoreOS 中将一个像 Couchbase 这样的系统用作大数据平台需要做些什么处理，而这正是 Couchbase 的目标。当然，我们不会将拍字节的数据添加到本地的 Couchbase 集群，但这个示例将展示出，该种架构在 CoreOS 中看起来会是什么样子。

　　我们还将再次查看工作线程以及如何在 CoreOS 中将 etcd 用作分布式锁调度器的一些模型，从而实现大量的数据获取。当然，我们还将完成使用这个新持久化存储并且包含关键性任务数据的故障测试场景。

　　要使用 Couchbase 达成其中一些目标，我们必须编写额外的自定义软件(Node.js)来编制集群的自动化管理。到目前为止，这部分的编制软件是本书中最大的程序；并且由于预期读者不熟悉 JavaScript，因此将其分解成几个部分并且逐个阐释它们。

7.1.1　架构的增加项

　　图 7.1 显示了在完成本章的处理之后该架构看起来会是什么样子。正如我们可以看到的，它包含了一些新的组件。工作线程已经扩展为一小组程序，以便更加有效地从各个源收集数据，并且 Couchbase 持久化存储目前是一个单元集群，它将共享和平衡数据。

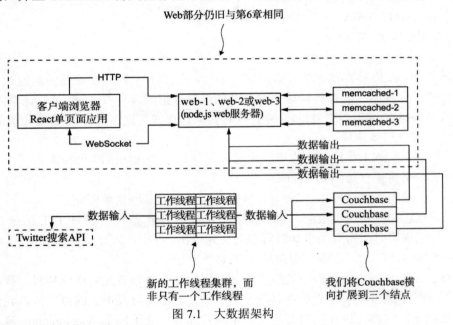

图 7.1　大数据架构

　　我们将部署与 CoreOS 机器数量一样多的 Couchbase 单元。与 etcd 非常类似，Couchbase 受到故障状态的限制。在三个结点的集群中，我们仅能在 Couchbase 集群中保留所复制数据的一个额外副本。相同的公式同样适用(就像第 3 章中所探讨的一样)：floor((N-1)/2)，其中 N 表示结点数量。这代表着我们可以设置的副本的最大数量，但我们可以设置少于最大值的数量。例如，对于七个结点，我们可以拥有三个副本，因而同时丢失三个结点也不会有数据丢失；不过我们也可以对七个结点仅使用一个副本，如果愿意这样的话。但是，对于三个结点而言，我们没有什么选择：只有一个副本并且只能有一个结点出故障。

　　在开始之前，我们要使用 vagrant destroy -f && vagrant up 重新开始。现在我们来看看数据源。

7.1.2　新的数据源

用于这个项目的新数据源是 Twitter。如果大家有兴趣，则可以随时修改代码以便从任何 API 抓取数据。就像如今所有的公共 API 一样，Twitter 要求我们生成一个 Twitter API 键值以供连接使用。其主要目的是在过多访问 API 时限制速率。这对于本示例来说是很棒的，因为我们将故意受到速率限制，以便查看如何在 etcd 中使用分布式锁来对工作线程进行瓶颈约束。它也提供了在 etcd 中设置一些额外配置的机会。因此，如果没有 Twitter 账户，则首先要注册一个，然后遵循以下步骤：

(1) 在 https://twitter.com/settings/devices 处，输入手机号码(这对于创建一个键值来说是必要的)。

(2) 打开 https://apps.twitter.com/，并且单击 Create New App。

(3) 在三个必填栏中输入我们希望填入的任何内容。可以将 Callback URL 留空。单击 Create Your Twitter Application。

(4) 一旦处于应用程序设置中，则要单击 Keys and Access Token 标签页。

(5) 可以选择将 Access Level 修改为只读，因为我们将仅读取数据。

(6) 在底部，单击 Create My Access Token。

(7) 在方便的地方保存以下信息：

　　–消费者键值(API 键值)

　　–消费者密钥(API 密钥)

　　–访问令牌

　　–访问令牌密钥

收集到所有这些信息之后，打开通向 CoreOS 集群的会话，并且将它存储到 etcd：

```
$ etcdctl set /config/worker/auth '{ "consumer_key":"Your Consumer Key",
 ➥"consumer_secret":"Your Consumer Secret", "access_token_key":
 "Your Access Token",
 ➥"access_token_secret":"Your Access Token Secret" }'        ◁── 为这些项的每一个
                                                                 设置我们的值
```

现在我们已经准备好一些初始配置，我们来深入探究这个新的组件。我们将从工作线程开始介绍，因为那里的变更是最小的，然后继续介绍全新的程序以便编制我们的存储。

7.2　新的栈组件

我们在本章中完全不会修改 Web 应用。出于简单性考虑，我们将调整工作线程以便使用相同的模式在 Couchbase 中存储数据，这样我们就不必触及 Express 应用。不过我们要对管理数据库的方式做出一些重大的变更，这也就是为何一整章内容都专注于管理这个分布式持久化的原因。如果读者跳过了第 6 章中的任何内容，则应该回过头去阅读一下并且着手处理完整的示例，否则本章的代码将没有太大意义。

7.2.1 Twitter 数据收集器

我们确实必须对工作线程进行一些变更，这不仅是因为新的数据源，还因为这样我们才能运行我们想要的多个工作线程。工作线程 Dockerfile 中没什么变化(其中仍旧只有一行)，但要在 package.json 文件中进行以下变更。

代码清单7.1   code/ch7/worker/package.json

```
{
  "name": "ch7-worker",          ◁──── 简单的名称修改
  "version": "1.0.0",
  "description": "Example Worker Process",
  "main": "worker.js",
  "scripts": { "start": "node worker.js" },
  "dependencies": {
    "couchbase": "^2.1.6",
    "node-etcd": "^4.2.1",              生成一个随机英
    "random-word": "^1.0.2",    ◁──── 文单词的库
    "twitter": "^1.3.0"        ◁─────   twitter库简化了
  },                                    API访问
  "author": "m@mdb.io",
  "license": "ISC"
}
```

我们还移除了 websocket 库，因为不再需要它了。接下来，我们来看看新的单元模板。

代码清单7.2   code/ch7/worker/worker@.service

```
[Unit]
Description=Worker Service %i
Requires=flanneld.service
After=flanneld.service
                                        使用%i修改        这是我放置这个工作线
[Service]                               容器名称         程的位置，如果大家不
TimeoutStartSec=0                                        希望自行构建它的话，
RestartSec=10                                            可以直接使用
Restart=always
ExecStartPre=-/usr/bin/docker rm -f worker-%i    ◁───
ExecStartPre=/usr/bin/docker pull mattbailey/ch7-worker:latest    ◁──
ExecStart=/usr/bin/docker run --rm --name worker-%i -e \
    NODE_ENV=production mattbailey/ch7-worker:latest    ◁──
ExecStop=-/usr/bin/docker rm -f worker-%i    ◁──        修改容器名
                                                        称和映像
                    再次修改容器名称
```

这与第 6 章中的代码没有太大区别——我们仅将其制作成模板并且修改了映像。目前对于工作线程而言，它看起来也很熟悉。

代码清单7.3   code/ch7/worker/worker.js

```
const Etcd = require('node-etcd')
const couchbase = require('couchbase')
const os = require('os')                        添加twitter库作为必要项，并
const Twitter = require('twitter')    ◁──       且移除WebSocket客户端库
const randomWord = require('random-word')
```

```
const thisIp = (process.env.NODE_ENV === 'production') ?
  os.networkInterfaces().eth0
  .filter(v => v.family === 'IPv4')[0].address : '127.0.0.1'
const etcdAddress = (process.env.NODE_ENV === 'production') ?
  thisIp .split('.').slice(0,3).concat(['1']).join('.') : '127.0.0.1'

const etcd = new Etcd(etcdAddress, '2379')
const couchbaseWatcher = etcd
  .watcher('services/couchbase', null, {recursive: true})

if (!etcd.getSync('config/worker/lock').err) {        让该程序在发现etcd中
  console.log('lock engaged, exiting')                的锁设置时快速退出
  process.exit(0)
}

couchbaseWatcher.on('set', newCouchbase => {
  console.log('new couchbase config', newCouchbase.body.node.nodes)
  process.exit(0)
})

const connection = (process.env.NODE_ENV === 'production') ?
  `couchbase://${etcd.getSync('services/couchbase', {recursive: true})
    .body.node.nodes.map(v => v.value).join(',')}` :
  'couchbase://127.0.0.1'
console.log('current connection:', connection)
const cluster = new couchbase.Cluster(connection)        将客户端变更为Twitter,
const bucket = cluster.openBucket('default')             使用本章中之前在etcd中
const client = new Twitter(JSON.parse(                   设置的凭据
  etcd.getSync('config/worker/auth').body.node.value))
function store(data) {bucket.upsert(data.id_str,         此处有些许变更:将使用推特
    {event_name: data.text}, () => {})}                  文ID作为键值,并且使用推特
                                                          文文本作为文档内容。
setInterval(() => {                              生成一个随机的英文单词
  const word = randomWord()
  client.get('search/tweets', {q: word}, (err, tweets) => {   在Twitter查询包含
    if (err) {                                                该单词的推特文
      console.error('Twitter threw error:', err)
      etcd.setSync('config/worker/lock', {ttl: 900})    如果Twitter返回了错误,那么
      process.exit(1)                                   几乎可以肯定是速率限制错
    }                                                    误。这会在etcd上设置一个15
    console.log(word, tweets.statuses.length)           分钟的锁,15分钟也是Twitter
    if (tweets.statuses.length > 0) {                   的速率限制超时设置
      tweets.statuses.forEach(tweet => store(tweet))
    }                                               如果取回了搜索结果(总是
  })                                                限制为15分钟超时),则使
}, 100)    ←—— 每100 ms运行这个循环一次              用store函数存储它们
```

　　该程序目前更加复杂一些，不过它的绝大多数部分都与第 6 章的相同。它会提前检查分布式锁；并且如果 Twitter 抛出了一个错误，该程序就会设置一个新的锁并且退出。我们仅存储推特文文本，因为推特文元数据之大远超我们的想象，并且我们不希望硬盘空间被消耗光。我们在数据中设置了 event_name 键；这是来自第 6 章中 RSVP 结构的遗留项，我们在这里保留它是因为这样就不必修改 Web 应用代码来浏览它。我们还确保了每 100 ms 仅运行这个查询一次。如果将这个数值设置得过低，那么我们就很可能在一秒钟之内就受到速率限制(180 个查询)，因此我们要人为对该程序设置瓶颈以便观察发生的事情。

我们不会理解开启工作线程，因为(尤其是在清除了集群的情况下)还没有数据库。我们继续讲解数据库的装配和管理。

7.2.2　编制 Couchbase

正如我曾提及过多次的，以容错、可扩展方式维护复杂、持久化的数据系统是难以实现的。总是会有一些极端情况和大量的事情需要各种组件进行响应，以便所有一切正常运行。这通常被称为服务编制，因此我将为 Couchbase 进行所有这些处理的程序命名为 conductor。这是我喜欢使用 Node.js 的另一个原因：作为一门事件驱动的语言，基于可能会以任意顺序发生的事件来构造逻辑会相对容易，并且向大家展示正在发生的事情也很简单。

总而言之，这可能看起来像是一个复杂的应用程序，所以我会将它分解成 conductor.js 程序中的渐进组块。在这一节结束时，我们的 Couchbase 仪表板看起来应该像图 7.2 一样。

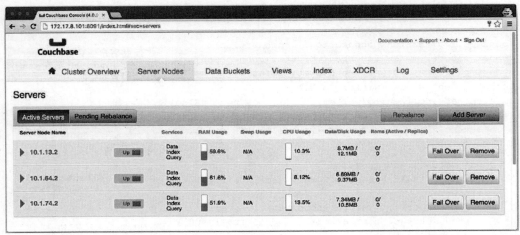

图 7.2　三个 Couchbase 结点

1. 简单的部分

首先，在我们深入研究 conductor 的复杂性之前，先看看起来会很熟悉的部分。我们将从服务单元开始讲解，它们中的代码目前较少，因为我们在 conductor 程序中会放入多得多的逻辑。

代码清单7.4　code/ch7/couchbase@.service

```
[Unit]
Description=Couchbase Service %i
Requires=flanneld.service
After=flanneld.service

[Service]
TimeoutSec=0
Restart=always
RestartSec=10
ExecStartPre=-/usr/bin/docker kill couchbase-%i
ExecStartPre=-/usr/bin/docker rm -f couchbase-%i
```

```
ExecStartPre=/usr/bin/docker pull couchbase:community-4.0.0
ExecStart=/usr/bin/docker run \
  --rm \
  -p 8091:8091 \
  --name couchbase-%i \
  --ulimit nofile=40960:40960 \
  couchbase:community-4.0.0
ExecStop=/usr/bin/docker kill --signal=SIGTERM couchbase-%i

[X-Fleet]
Conflicts=couchbase@*          添加了一个conflicts行,
                               因为将运行多个
```

注意,我们移除了 ExecStartPost= entry。这样,现在启动 Couchbase 就不会进行引导。对于这个项目而言,couchbase-sidekick@.service 将仍旧保持不变。我们可以复制已经编写好的那个。

在 conductor 中,我必须添加有些奇怪的依赖项:不存在让我们进行管理操作(比如操作集群成员)的 Couchbase API SDK,所以我拉入了官方的 couchbase-cli 应用(它是用 Python 编写的),这样该程序就能使用它来操作集群。让人烦恼的是,Couchbase 并没有独立于服务器之外来发行这个工具:我们必须从.deb 文件中提取它,这样才能将它封装到我们的 Docker 容器中。接下来我将介绍如何就这一点进行处理;或者,如果大家愿意的话,也可以使用我放在 Docker Hub 上的容器(mattbailey/ch7-conductor)。如果正在 OS X 上运行,那么还必须通过 Homebrew 安装 dpkg 以便提取该工具。

首先,从 http://mng.bz/8Clk 处下载包。然后,执行以下命令:

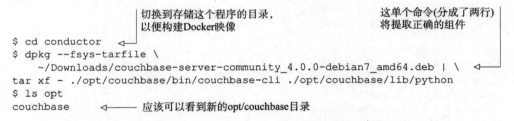

```
$ cd conductor
$ dpkg --fsys-tarfile \
    ~/Downloads/couchbase-server-community_4.0.0-debian7_amd64.deb | \
tar xf - ./opt/couchbase/bin/couchbase-cli ./opt/couchbase/lib/python
$ ls opt
couchbase          应该可以看到新的opt/couchbase目录
```

一旦提取成功,以下代码清单就会显示 conductor 的简单服务单元。

代码清单7.5　code/ch7/conductor/conductor.service

```
[Unit]
Description=Conductor Service
Requires=flanneld.service
After=flanneld.service

[Service]
TimeoutStartSec=0
RestartSec=5
Restart=always
ExecStartPre=-/usr/bin/docker rm -f conductor
ExecStartPre=/usr/bin/docker pull mattbailey/ch7-conductor:latest
ExecStart=/usr/bin/docker run --rm --name conductor \
      -e NODE_ENV=production mattbailey/ch7-conductor:latest
ExecStop=-/usr/bin/docker rm -f conductor
```

所有这些看起来应该都很熟悉——几乎与工作线程完全相同。Dockerfile 也与工作线程完全相同,并且只由一行构成:FROM library/node:onbuild。

接下来是 package.json,深入探究该程序之前的最后一项。

代码清单7.6　code/ch7/conductor/package.json

```
{
  "name": "ch7-conductor",
  "version": "1.0.0",
  "description": "Example Conductor Admin Service",
  "main": "conductor.js",
  "scripts": { "start" : "node conductor.js" },
  "dependencies": {
  "node-etcd": "^4.2.1"
  },
  "author": "m@mdb.io",
  "license": "ISC"
}
```

这里也没什么值得一提的：它仅有一个依赖项，etcd 库。现在，我们进入逻辑的核心部分：conductor 程序。

2. 指导编制

该程序的开头没有特别的相关性，并且看起来就像本书中已经介绍过的许多其他程序一样。

代码清单7.7　code/ch7/conductor/conductor.js—第1部分

```
const Etcd = require('node-etcd')
const spawn = require('child_process').spawn          ◁——— 让我们(为couchbase-cli)
const os = require('os')                                     生成子进程

const thisIp = (process.env.NODE_ENV === 'production') ?
  os.networkInterfaces().eth0
  .filter(v => v.family === 'IPv4')[0].address : '127.0.0.1'
const etcdAddress = (process.env.NODE_ENV === 'production') ?
  thisIp .split('.').slice(0,3).concat(['1']).join('.') : '127.0.0.1'

const etcd = new Etcd(etcdAddress, '2379')
const cbWatcher = etcd                                  比平常多添加一个
  .watcher('services/couchbase', null, {recursive:true})   监视器，以便监测
const cbConfigWatcher = etcd                               将为Couchbase所设
    .watcher('config/couchbase', null, {recursive:true}) ◁— 置的配置
```

这份代码清单设置了 etcd 连接并且会监测一些键值，正如我们已经在本书所有其他应用程序中所做的那样。

接下来，我们要自动化 Couchbase 配置的构造并且回退到静态默认设置。

代码清单7.8　code/ch7/conductor/conductor.js—第2部分

```
尝试从etcd中抓取已有配置
                                              设置一个标记以便让程序知
  默认配置                                    道这(在初始时)并非新集群

  └─▷ const cbDefaultConfig = {
        password: 'Password1',
        nodes: 3,
        bucket: 'default',                          将程序的配置
        ram: 500                                    初始设置为空
      }
  └─▷ let cbConfigGet = etcd.getSync('config/couchbase', {recursive:true})
      let cbConfig = {}                              ◁—
      let newCluster = false                         ◁—
```

如果从etcd中的抓取返回了一个错误，
则设置etcd中的默认配置作为替代……

……并且设置程序的配
置为默认设置……

```
if (cbConfigGet.err) {
  console.log('no config, setting default:', cbDefaultConfig)
  Object.keys(cbDefaultConfig).forEach(key => etcd
    .setSync(`config/couchbase/${key}`, cbDefaultConfig[key]))
  cbConfig = cbDefaultConfig
  newCluster = true
} else {
  cbConfig = cbConfigGet.body.node.nodes.reduce((p, c) => {
    p[c.key.split('/').slice(-1)[0]] = c.value
    return p
  }, {})
}
console.log('LOADED CONFIG:', cbConfig)
```

记录输出

如果配置抓取成功，则将
来自etcd的值映射到单个
cbConfig对象

……并且告知程序这是一个新
集群，因为没有预先的配置

这份代码清单使用来自 etcd 的上下文(如果存在的话)或者使用默认设置(如果 etcd 的上下文不存在的话)为程序的其余部分设置了一些配置。此处有大量逻辑，但还是存在改进的空间；我们可能也希望设置 etcd 中的默认配置，但为了让这个示例显得简单，我们是静态设置它的。

我们继续设置与 Couchbase 结点通信的方式。

代码清单7.9　code/ch7/conductor/conductor.js—第3部分

如果没有由sidekick设置的数据，则退出

从etcd抓取Couchbase sidekick
设置的所有结点数据

在这一节开头我们拉入的
couchbase-cli程序的路径。
Dockerfile将它放在了这里

```
const nodeGet = etcd.getSync('services/couchbase', {recursive:true})

if (nodeGet.err || !nodeGet.body.node.nodes) {
  console.log('NO NODES FOUND, EXITING')
  process.exit(1)
}

const CB_CLI = '/usr/src/app/opt/couchbase/bin/couchbase-cli'
const CB_OPTS = ['-u', 'Administrator', '-p', cbConfig.password, '-c']
let FIRST_NODE = nodeGet.body.node.nodes[0].value

const cb = (cmd, ip = '127.0.0.1', flags = [], defaultOpts = CB_OPTS) =>
  spawn(CB_CLI, [cmd, ...defaultOpts, `${ip}:8091`, ...flags])
```

几乎每一个couchbase-cli命
令都需要的基础选项

使用所有正确标记来调用couchbase-
cli的返回一个函数的函数

此处我们需要获得任意一个结点的IP
地址。这会选取所返回的第一个

如果希望查找 couchbase-cli 文档作为参考，则可以在 http://mng.bz/I915 处找到它。这段代码的大部分都很简单，除了最后一行。正如我所提及的，由于没有与 Couchbase 的管理操作进行交互的 SDK(Node.js 或其他)，因此我们引入了 couchbase-cli；这段代码实质

上会使用一些内置的默认标记来生成一个函数,这个函数类似于一个 SDK 的结构。因此,每次希望调用 couchbase-cli 时,都可以像 cb(<command>, <IP Address>, [<flags>, …])?这样容易。

接下来,在调用任何一个独立的函数之前,我们先来研究它们。

代码清单7.10　code/ch7/conductor/conductor.js: initCluster()

在调用这个函数时,如果这是一个新集群,则运行cluster-init

```
function initCluster(callback) {
  const replicas = nodes => Math.floor((parseInt(nodes)-1)/2)

  if (newCluster) {
    cb('cluster-init', FIRST_NODE, [
      '--cluster-username=Administrator',
      `--cluster-password=${cbConfig.password}`,
      '--services=data,index,query',
      `--cluster-ramsize=${cbConfig.ram}`
    ], ['-c']).stdout.on('data', initOut => {
      console.log('cluster-init:', initOut.toString())
      if (initOut.toString().match(/ERROR/)) { process.exit(1) }
      cb('bucket-create', FIRST_NODE, [
        `--bucket=${cbConfig.bucket}`,
        `--bucket-type=couchbase`,
        `--bucket-ramsize=${cbConfig.ram}`,
        `--bucket-replica=${replicas(cbConfig.nodes)}`,
        `--cluster-ramsize=${cbConfig.ram}`
      ]).stdout.on('data', createOut => {
        callback(`bucket-
  create: ${createOut.toString()}`)
      })
    })
  } else {
    callback('cluster & bucket already initialized')
  }
}
```

为所使用的多个结点提供用于计算可用副本最大数量的公式的内部函数

如果cluster-init失败,则立即退出,因为发生了一些严重的错误

创建初始的默认bucket

执行回调,并且返回日志数据

如果这并非新的集群,则调用该回调函数

这是程序结尾处将会调用的主函数,以便初始化 Couchbase 结点的集群。这些命令都与第 6 章 couchbase@.service 单元中所使用的命令相同,它们完成的都是相同的处理:cluster-init 和创建默认 bucket 的 bucket-create。这里也有一些改进的空间:我们可能希望使用不同的参数从 etcd 键中创建一批 bucket,比如副本数量或者 RAM 大小。我们正在使用的公式是,为此处拥有的结点数量使用最大数量的副本,因为我们的数据"非常重要"。

接下来是 addNode()函数。

代码清单7.11　code/ch7/conductor/conductor.js: addNode()

```
function addNode(newNode) {
  console.log('attempting to add:', newNode)
  return new Promise(resolve => {
    cb('server-add', FIRST_NODE, [
      `--server-add=${newNode}`,

'--server-add-username=Administrator',
```

运行server-add命令以便将一个结点添加到集群

```
     `--server-add-password=${cbConfig.password}`,
     '--services=data,index,query'
   ]).stdout.on('data', addOut => {
     resolve(addOut.toString())
   })
 })
}
```

这个函数会采用一个 IP 地址作为参数并且将 Couchbase 结点添加到集群。这里有一些之前我们没有见过的新逻辑：这个函数会返回一个 Promise，它是一个函数，会为我们提供对于异步流程的更多控制。知晓其如何工作并不重要；它仅仅会让我们一次性添加多个结点，然后在由这个函数所生成的所有 Promise 被解析之后运行 initialAdd()(下一个代码清单中会显示)。

代码清单7.12　code/ch7/conductor/conductor.js: initialAdd()

```
function initialAdd() {
  if (nodeGet.body.node.nodes.length > 1) {
    const notFirstNode = nodeGet.body.node.nodes.filter(v => v.value !==
    ➥FIRST_NODE)                                    ◀──── 获得并非FIRST_NODE的
    console.log('found other nodes:', notFirstNode)        Couchbase结点的所有IP
    Promise.all(notFirstNode.map(node =>
    ➥addNode(node.value))).then(res => {
      console.log(res)                              ◀──── 同时在每个IP上运行(代码
      setTimeout(rebalanceCluster, 10000)                 清单7.11中的)addNode()
    })                      ◀──── 一旦添加了所有结点，则等待
  }                              10秒钟并且运行一次rebalance-
}                                Cluster()(参见代码清单7.13)
```

在 Couchbase 中，我们希望添加所有的结点，然后重新平衡我们的数据一次(参见代码清单 7.13)，否则我们就会浪费大量的处理能力。就像具有集群能力的许多 NoSQL 服务器一样，在将结点添加到集群时，通常需要一个额外的步骤来将数据分发到所有结点。这是必要的，因为需要让副本自我分发并且保持数据的安全。

代码清单7.13　code/ch7/conductor/conductor.js: rebalanceCluster()

```
function rebalanceCluster() {
  cb('rebalance', FIRST_NODE)
    .stdout.on('data', rebalanceOut => {
      console.log(rebalanceOut.toString())
    })
}
```

这个函数所做的就是运行单个 rebalance 命令。它仅需要在一个结点上运行，即可应用到整个集群。

接下来是 failNode()函数，稍后在 etcd 中看到一个结点消失时我们将会使用它。

代码清单7.14　code/ch7/conductor/conductor.js: failNode()

```
function failNode(failedNode, callback) {
  cb('failover', FIRST_NODE, [
    `--server-failover=${failedNode}`
  ]).stdout.on('data', failedOut => {
```

```
    callback(failedOut)
  })
}
```

Couchbase 具有一些自动化故障转移能力，但那些能力的介入需要至少 30 秒的时间。如果在 etcd 中看到一个结点消失了，那么会希望立即移除它。

下一个代码清单包含了用于 etcd 中元素的所有事件监听器。

代码清单7.15　code/ch7/conductor/conductor.js: 监听etcd

```
cbWatcher.on('set', newCouchbase => {        ←── 如果将一个新结点添加到etcd，那么……
  setTimeout(() => {
    addNode(newCouchbase.node.value)         ←── ……几秒钟之后添加结点，并且……
      .then(msg => {
        console.log('Node added, rebalancing:', msg)   ……再一个5秒之后运
        setTimeout(rebalanceCluster, 5000)             行另一个rebalance
      })
  }, 5000)
})
                                                        如果一个/services/couchbase/
cbWatcher.on('change', event => {                       条目消失或过期，那么……
  if (event.action === 'delete' || event.action === 'expire') {  ←
    if (event.prevNode.value === FIRST_NODE) {
      FIRST_NODE = etcd                       ←
          .getSync('services/couchbase', {recursive:true})
          .body.node.nodes[0].value
      console.log('FIRST_NODE lost, re-setting to:', FIRST_NODE)
    }
    failNode(event.prevNode.value, msg => {   ←      ……如果FIRST_NODE
      rebalanceCluster()                              就是丢失的结点，则将
      console.log('NODE LOST:', msg.toString())       FIRST_NODE重置为另
    })                                                一个etcd元素……
  }
}) 　　　　　　　　　　　　　……重新平衡集群     ……在该IP上运行failNode()(代
                                                码清单7.14)，并且……
cbConfigWatcher.on('delete', deletedConfig => {
  console.log('CONFIG DELETED, EXITING')   ←
  process.exit(5)                           如果配置被删除，
})                                          则退出程序
```

我们希望监听新的结点并且将它们添加到集群，并且还应该监听移除的结点，这样就能从集群中移除它们。我们还需要确保 conductor 持续运行，这样，在丢失 FIRST_NODE 时，我们必须将它修改为其他结点。如果完全丢失了配置，则需要退出，因为那意味着我们可能是在从头开始启动。

最后，我们来到了程序的入口点：执行 initCluster()。

代码清单7.16　code/ch7/conductor/conductor.js: initCluster()

```
initCluster(msg => {                          启用Couchbase的自动故障
  console.log(msg)                            转移，以防止由于某些原
  cb('setting-autofailover', FIRST_NODE, [  ← 因造成的conductor故障
    '--auto-failover-timeout=30',
    '--enable-auto-failover=1'
  ]).stdout.on('data', afOut => {
```

```
    setTimeout(initialAdd, 5000)
    console.log('autofailover set:', afOut.toString())
  })
})
```

等待5秒钟，并且运行
initialAdd()(代码清单7.12)

此处，我们启用了 Couchbase 的自动故障转移特性，它将在至少 30 秒之后"硬性故障转移"到集群无法触及的任意结点上。它不会重新添加再次变得可用的结点。我们需要这一特性，以防丢失 conductor 正在其上运行的结点。如果 conductor 花费了超过 30 秒才在CoreOS 集群中的另一台机器上启动，那么 Couchbase 应该仍旧会无法在该结点上运行数据服务。只要这一超时时长(30 秒)大于用于 etcd 键的 TTL(我们将此设置为 8 秒)，这也就应该会避免任何竞争条件。在确保这一特性开启之后，我们要在为 Couchbase 提供 5 秒钟之后运行 initialAdd()函数，以便开始启动整个集群。

这样就可以了! 将所有这些部分放在一个名称为 conductor.js 的单个文件中，并且读者可以构建自己的 Docker 映像；或者使用 mattbailey/ch7-conductor。

我已经介绍了很多逻辑，读者可能会发现，为何我没有在 BASH 中尝试处理这个示例。它在 BASH 中——或者任何语言中——肯定是可行的，并且构建像这样的编制程序将开始变成像代码一样的基础设施库。我们将像任何其他软件一样迭代和改进这些程序，并且能够在 Vagrant 下的各种场景中本地运行它们以及测试它们，就像我们会在下一节中所做的那样。

7.2.3　启动和验证

我们已经添加了大量的移动部件，以便管理持久化层，所以现在来启动它并且确保它能平稳运行。一旦 Vagrant 集群就位，则要像在本书中已经做过的那样启动其服务。开始监测 conductor 的日志也很有用：

```
$ fleetctl start code/ch7/couchbase@{1..3}.service \
  code/ch7/couchbase-sidekick@{1..3}.service \
  code/ch7/conductor/conductor.service
$ fleetctl journal -f conductor
```

正如我们所看到的，我们为 Couchbase 启动了三个结点，为 conductor 启动了一个结点。conductor 运行在哪台机器上并不重要；在出现中断时，它将切换到集群中的其他机器上。下载 Docker 映像可能需要花些时间，不过当准备好它们之后，来自 conductor 的输出看起来应该像这样：

设置默认值，因为conductor
无法找到任何配置

……然后运行bucket-create

conductor首先运行
cluster-init命令……

```
core-03 docker[2568]: no config, setting default:
  { password: 'Password1', nodes: 3, bucket: 'default', ram: 500 }
core-03 docker[2568]: LOADED CONFIG:
  { password: 'Password1', nodes: 3, bucket: 'default', ram: 500 }
core-03 docker[2568]: cluster-init: SUCCESS: init/edit 10.1.74.2
core-03 docker[2568]: bucket-create: SUCCESS: bucket-create
```

```
core-03 docker[2568]: autofailover set:
  ➡SUCCESS: set auto failover settings
core-03 docker[2568]: found other nodes: [ { key: '/services/couchbase/1',
core-03 docker[2568]:     value: '10.1.64.2',
core-03 docker[2568]:     expiration: '2016-05-29T04:27:34.017167896Z',
core-03 docker[2568]:     ttl: 7,
core-03 docker[2568]:     modifiedIndex: 3303,
core-03 docker[2568]:     createdIndex: 3249 },
core-03 docker[2568]:   { key: '/services/couchbase/3',
core-03 docker[2568]:     value: '10.1.13.2',
core-03 docker[2568]:     expiration: '2016-05-29T04:27:31.688554998Z',
core-03 docker[2568]:     ttl: 5,
core-03 docker[2568]:     modifiedIndex: 3301,
core-03 docker[2568]:     createdIndex: 3301 } ]
core-03 docker[2568]: attempting to add: 10.1.64.2
core-03 docker[2568]: attempting to add: 10.1.13.2
core-03 docker[2568]: [ 'SUCCESS: server-add 10.1.64.2:8091\n',
core-03 docker[2568]:   'SUCCESS: server-add 10.1.13.2:8091\n' ]
core-03 docker[2568]: INFO: rebalancing
core-03 docker[2568]: .
core-03 docker[2568]: SUCCESS: rebalanced cluster
```

……并且设置自动故障转移特性

conductor已经在etcd中发现了其他两个Couchbase结点……

……因此它会尝试将这两个结点添加到集群……

……然后重新平衡

在conductor重新平衡时，我们将看到大量的句点被输出，其后跟着这条成功消息(最好是这样)

我们的集群现在应该已经启动并且运行了，它具有三个结点。可以通过结点的 Web 控制面板来检查集群中的任何结点；Server Nodes 标签页看起来应该类似于本章之前的图 7.2。

现在健壮的分布式数据存储已经启动了，在下一节中，我们会开始使用新的工作线程将数据推送到其中。

7.2.4 启动工作线程

我们应该具有让这些工作线程启动所需的所有条件。我们已经将 API 键值放入 etcd 中，并且持久化存储已经准备好被使用了。所必须做的就是启动该服务单元。我们来启动该工作线程的六个实例。我们仍旧可能很快触发 API 的限制，不过希望看到这是如何发生的，并且立即开始查看其中一个实例：

该工作线程正在连接的所有 Couchbase结点

```
$ fleetctl start code/ch7/worker/worker@{1..6}.service && \
  fleetctl journal -f worker@1
...
Jun 01 02:51:28 core-01 docker[4846]: current connection:
➡couchbase://10.1.69.2,10.1.42.2,10.1.74.2
Jun 01 02:51:29 core-01 docker[4846]: zag 15
Jun 01 02:51:29 core-01 docker[4846]: theism 15
...
Jun 01 02:51:32 core-01 docker[4846]: Twitter threw error:
  ➡[ { message: 'Rate limit exceeded', code: 88 } ]
...
```

开始收集搜索结果。大约3秒内每个工作线程收集到大概40条，直到……

……Twitter进行了速率限制

```
Jun 01 02:51:43 core-01 systemd[1]: Stopped Worker Service 1.
...                                                            工作线程退出
Jun 01 02:51:45 core-01 systemd[1]: Started Worker Service 1.
Jun 01 02:51:47 core-01 docker[5113]: lock engaged, exiting
```

服务单元具有10秒的RestartSec，　　　　　　　　　　仍然存在锁，所以工作
因此它会再次启动　　　　　　　　　　　　　　　　线程快速退出

这里可以看到工作线程的完整工作流：连接到 Couchbase，运行和存储查询，在速率限制时退出，然后在重启时响应分布式锁。如果需要的话，可以检查另一个工作线程，以便查看它是否以同样方式响应这个锁。当这个锁过期时，在 15 分钟内，下一个要启动的工作线程将开始再次收集数据，依次类推。我们可以如预期般永远运行这一过程。

图 7.3 显示了数据库是如何进行处理的。现在我们在三结点 Couchbase 集群中拥有了一批记录。

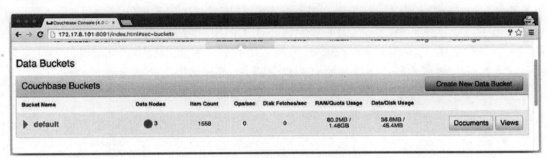

图 7.3　数据进来了

如果回顾第 6 章的 Web 应用和 memcached 单元并且启动它们，那么也可以浏览这些推特文。图 7.4 显示了相同的实时数据；如果我们正好在工作线程受到 Twitter 速率限制之前捕获到日志，则还可以看到它在更新时发生变更。

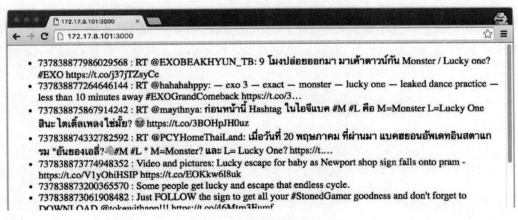

图 7.4　浏览器视图

现在我们拥有了完整的栈，它具有有目标的后台数据库，以及明确的可扩展性和容错性。那么从这里开始我们又要继续做些什么处理呢？是时候破坏这个栈了，这是必然的！

7.3　破坏我们的栈

一如既往，我们首先要模拟一个结点故障(仅在一个结点上出现故障，因为我们只有三个结点在运行)，然后介绍如何恢复。这将会有一些区别：将集群恢复成"空白"状态需要更多的处理能力，因为我们是在处理需要被分发的实际数据。数据集越大，数据的重新分发所需的时间就越长。不过，随着集群大小的提升，大多数分布式数据存储(包括 Couchbase)都会提升恢复的速度，因此要确保我们自己熟知如何为所使用的数据库就这一点进行规划。

7.3.1　监测故障

好的做法是，在进行此项处理时监测 conductor 服务，这样我们就能实时看到正在发生的事情。conductor 程序的配置是在其运行的机器出现故障时能够迁移到另一台机器上，因此，出于这个示例的目的，我们应该确保正在关闭没有运行 conductor 的机器。当然，我们可以自行实验，以便观察 conductor 机器故障和另一台机器故障之间的时间消耗差异；我建议大家思考如何才能让运行在所有结点上的 conductor 使用分布式锁。

让 Vagrant 关闭一个结点，并且在那之后立即观测 conductor：

```
$ vagrant halt core-01 && fleetctl journal -f conductor
==> core-01: Attempting graceful shutdown of VM...
...
Jun 01 03:25:38 core-03 docker[10041]:
  ➡NODE LOST: SUCCESS: failover ns_1@10.1.42.2
Jun 01 03:25:38 core-03 docker[10041]: INFO: rebalancing
...
Jun 01 03:26:07 core-03 docker[10041]: SUCCESS: rebalanced cluster
```

> conductor在etcd上观测到服务退出，因此它进行了故障转移

触发了rebalance　　　　　　　　　　　　　　　　成功的rebalance

正如我们所见，这花费了大约 30 秒时间才完成。数据集越大，集群重新平衡的时间就越长。再看看 web@1 的日志。我们可以看到它也重启了，以便更新其 Couchbase 连接：

```
$ fleetctl journal -f web@1
...
Jun 01 03:25:55 core-03 docker[19917]:
  ➡current config: { couchbase: 'couchbase://10.1.74.2,10.1.69.2',
...
```

这样应该就只会让用户等待非常短的停机时间，即使系统中的一个部分已经出现了相当严重的故障。接下来，我们将恢复该结点并且观测针对恢复完整服务所发生的相同事情。

7.3.2　恢复机器

这里进行相同的处理——启动实例，并且立即观测 conductor 服务：

如预期般，conductor发现了新结点，添加了它，并且重新平衡过了

```
$ vagrant up core-01 && fleetctl journal -f conductor
Bringing machine 'core-01' up with 'virtualbox' provider...
...
Jun 01 03:33:53 core-03 docker[10041]: attempting to add: 10.1.42.3
Jun 01 03:33:55 core-03 docker[10041]:
➡Node added, rebalancing: SUCCESS: server-add 10.1.42.3:8091  ←
Jun 01 03:34:01 core-03 docker[10041]: INFO: rebalancing
...
Jun 01 03:35:10 core-03 docker[10041]: SUCCESS: rebalanced cluster
```

注意，在恢复时重新平衡集群需要花费超过一分钟。这是典型的行为表现，并且如果我们考虑到重新平衡数据的操作方式的话，就会发现它是合理的。通常，写 I/O 对于这些操作而言会是性能约束。这是一个简单的解释，不过当一个结点脱离集群时，数据就必须被分隔，然后写入到两个结点，这样，写负载就会分布到它们之间。当一个结点重新连入时，相同量的数据需要被写入到一个结点。即使这些结点都是运行在相同机器上的 VM，并行的操作也会快于较为串行的操作。如果正在使用磁盘而非固态硬盘，那么这一差异可能会更加明显。

现在大家应该很好地理解了如何在 CoreOS 上构建一个大数据平台。我建议大家练习 Couchbase 中的设置并且针对不同场景进行实验。

7.4 本章小结

- 对于所选平台扩展方式的机制进行了一些研究。这将对编写编制程序的难易程度产生重大影响。
- 总是在部署到生产环境之前对这些系统进行测试。
- 本章中没有介绍备份，因为大数据归档方法会妨碍到本章中这些独特问题的出现。
- 了解数据系统用于复制和分发的公式，以及(如果可能的话)如何才能修改该公式。
- 如果正使用工作线程进行数据获取，则要牢记这些技巧：
  - 快速初始化。
  - 不存储状态。
  - 快速失败。

第III部分

生产环境中的 CoreOS

在第 8 至第 10 章中，首先会介绍在 Amazon Web Services 中如何启用 CoreOS。接下来，我们要采用在本地沙盒中构建的复杂应用程序，并且对 AWS 中的集群自动化其部署。最后，我将总结本书，介绍一种通用的系统管理指南，它涵盖了日志和备份的一些模式，并且将介绍 CoreOS 领域将会发生什么样的变化。

## 第 8 章

AWS 上的 CoreOS

本章内容：

- 使用 AWS 虚拟化基础设施支持 CoreOS
- 在该基础设施上构建可扩展的 CoreOS
- 将动态负载均衡器附加到集群
- 使用 AWS CLI 部署服务

本章不讨论应用程序架构和 CoreOS 的本地开发实例，而是要介绍 Amazon Web Services(AWS)中 CoreOS 的生产部署。我们将从小处开始着手，使用一个看起来类似于开发环境的简单集群；然后将为性能和可用性构建出一些更为复杂的基础设施，并且可以跨不同载体进行扩展。

到本章结束时，我们将拥有一个可扩展的生产平台，在其上可以运行我们的应用程序；并且在第 9 章中，我们将在这一基础设施上着手部署前几章中所构建的应用程序栈。我们将学习如何在 AWS 中构建一个基础的 CoreOS 集群，它可以跨多个可用性区域并且可以充当我们希望构建的任意应用程序栈的基准。

提示： 本章中的示例涉及在 AWS 中运行活动服务。需要提醒读者注意的是，在 AWS 上运行这些示例是需要成本开销的，这需要读者自行承担。读者将使用相当少量的资源——大约每天 1~2 美元，如果读者忘记停止运行的话。

提示： 本章不需要读者提前具备强大的 AWS 技能，不过我会假定读者可以阅读一些 AWS 文档以及设置好账户(参阅 8.1.3 节中列出的需求)。不过，如果读者已经具有一些经验或者已经阅读过相关著作，比如 Manning 出版社的 *Amazon Web Services in Action*(由 Michael Wittig 和 Andreas Wittig 著，出版于 2015 年，www.manning.com/books/amazon-web-services- in-action)，那么本章可能看起来会有一些不紧凑。

8.1 AWS 背景介绍

正如第 4 章中所探讨的，当面对要在公有(或私有)云环境中运行 CoreOS 的情况时，我们拥有大量选项可供选择。所有的云部署都有其细微差别，不过 AWS 是第一个正式投入市场的具有通用特性的云产品，并且它是最常用到的平台。CoreOS 也能很好地支持 AWS，并且它预先提供了大量工具以供大家开始动手实践。本章将介绍一个可应用到生产环境中的 CloudFormation 模板，阐释它是如何结合到一起运行的方方面面。

本节将回顾一些 AWS 专业术语并且从顶层视角查看我们要构建的内容。我们将使用 AWS 的一些高级特性，不过将介绍足够多的这些特性的基本机制，大家不需要成为 AWS 专家。如果读者对于 AWS 的更为深入的书籍感兴趣，则可以阅读 *Amazon Web Services in Action*。

本章的目标是介绍如何为前几章创建的产品构建一个生产基础设施。图 8.1 显示了最终产品的一个图表：我们将构建跨三个可用性区域的高可用设置，它具有自动扩展组(Auto Scaling Group，ASG)以便扩展容量。我们还要使用 AWS VPC API 支持的 flannel 能力。如果读者已经具有使用 AWS 的经验，则可以选择跳到 8.2 节。

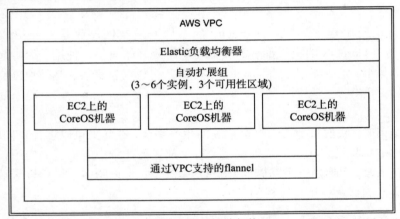

图 8.1　基础设施架构

8.1.1 AWS 地区和正常运行时间

AWS 的服务水平协议(SLA；https://aws.amazon.com/ec2/sla)宣称，它将做出"商业上合理的努力"来维持一个地区中 EC2(虚拟机器平台)和 EBS(EC2 的块存储)的 99.95%的正常运行时间。每个地区都具有可用性区域(us-west-2a、us-west-2b 等)。AWS 将停机定义为一个地区之内超过一个可用区域(AZ)变得不可用。这意味着，如果我们没有跨多个 AZ，那么甚至无法确保我们顾客的 SLA。AWS 并没有为单个 AZ 提供 SLA。如果架构是跨 AZ 的(意味着它在任意时长的 AZ 中断中都能正常运行)，我们可以对顾客宣称的最高 SLA 就是 99.95%，这指的大概就是每个月允许停机 22 分钟。还有一点很重要，要注意在 AWS 无法提供其 SLA 宣称的服务水平时，只是向我们提供了服务信誉的担保而已；这可能无法覆盖停机期间对公司或产品造成的损失。

跨地区部署

如果需要大于 99.95% 的正常运行时间，则必须跨地区和跨 AZ。大家可以想象到，对于这样的配置而言，将会在运行时费用和系统复杂性方面产生巨大成本(并且可能会产生回报递减的情况)。我不会在本书中介绍跨地区部署，因为它们需要使用运行在分散实例上的虚拟化 VPN 进行高度自定义的设置——更不用说跨延迟很高的地区管理持久化数据的巨大复杂性。

AWS 没有用于跨地区通信的内置模型，这使得我们在使用像安全性分组这样的特性时难以实现任何类型的自动化。VPC 对等连接仅在同一地区内有效，跨地区对等是一项"计划内特性"。

总而言之，AWS 提供的服务通常会高于其 SLA。最近的 Region Unavailable 事件发生在 2014 年，并且局部 AZ 的中断也很少出现。如果我们的组织需要确切的数字，那么仅可以依据一份小于或等于 AWS 所提供的服务水平的 SLA 来做答复。

ECS

AWS 提供了一项新的被称为弹性容器服务(ECS)的服务。正如第 4 章中所简要探讨的，ECS 为运行中的 Docker 容器提供了一个 AWS API 方法。使用 CoreOS，fleet 就能通过该 API 控制服务。当然，这会对基础设施带来显著的复杂性。为简单起见，我不会在此处介绍该场景中的这个选项，这样我们就能专注于单一完整的实现。

8.1.2 AWS 服务

在 AWS 中进行部署将会用到若干服务，所有部署都是通过 CloudFormation 模板作为主要工具来实现的，我们要用其对基础设施进行测试、构建和变更。CloudFormation 允许我们为 AWS 中任意内容的完整实现(以 YAML 语言)定义一个模板。AWS Web 控制台 GUI 很棒，并且一直在持续改进，不过编写 CloudFormation 模板会让我们将基础设施保持在已知状态并且处于源控制之下。如果使用控制台 GUI 进行构建，那么我们所做的部署(尤其是对于复杂系统而言)将被快速遗忘并且难以重新实现。CloudFormation 让我们可以设计整个布局并且绝对是将任何系统部署到 AWS 中的最佳做法。

这个模板将构建出虚拟私有云(Virtual Private Cloud，VPC)，它会提供对系统网络的大量控制；我们还将利用 flannel 的能力，以便将 VPC 用作其网络抽象的后端。我们的模板将定义一组使用 AWS Identity and Access Management(IAM)的权限，以便允许 CoreOS 实例执行一小组具备安全性的 AWS API 操作；这是 VPC API 所支持的为了让 flannel 正常运行的必要条件。

最后，CloudFormation 模板将涵盖每个地区的每个 VPC 中的弹性负载均衡器(Elastic Load Balancer，ELB)，以便负载均衡器传入通向运行在跨 AZ 的 CoreOS 上的服务的连接。我们还会设置一个空的 S3 bucket，将在第 10 章中使用它进行备份。

8.1.3 本章必要条件

后面几节将介绍基础设施的设置。这里是需要预先准备好的内容：

- 一个有效的 AWS 账户(可以在 https://console.aws.amazon.com 处创建一个)
- 用于该账户的 AWS 访问键值 ID 以及访问密钥(参见 http://mng.bz/j0PP)
- 在工作站上安装以下工具:
  - AWS CLI(http://mng.bz/N8L6)
  - 来自 EC2 的 SSH 键值对(http://mng.bz/34ih)

8.1.4 CloudFormation 模板

就像本书中其他较长的代码清单一样，我已经将这个模板划分成几个部分并且将逐个探讨它们。首先创建一个新的名称为 ch8-cfn-cluster.yml 的 YAML 文件。这是大致依据 CoreOS 提供的示例模板来创建的，我们总是可以在 http://mng.bz/6fUO 处找到该示例模板的最新版本。本章的版本在自定义 VPC 设置方面具有显著区别，并且代表着一个更为现实的生产实现，而并非是一个简单的示例(为了方便阅读，我们还是使用 YAML 而非 JSON)。

我们首先处理样板 CloudFormation 项，然后根据 VPC、安全性分组、IAM 角色、自动扩展小组、负载均衡器以及 S3 bucket 来分解资源。如果要直接按照本书内容进行输入，工作量会很大，并且从本书电子副本复制时很可能会出错，因此我建议使用本书代码库的文件，它位于 www.manning.com/books/coreos-in-action(code/ch8/ch8-cfn-cluster.yml)处。不过，请务必阅读这一节的内容；稍后我们将需要熟悉这个文件的各个部分。

此模板最终将提供足够的样板配置，以便在 AWS 中构建任何 CoreOS 系统。我们将在第 9 章和第 10 章中继续进行处理。

1. 映射、参数和输出

我们将使用此 CloudFormation 文件中的四个顶层对象(其中不包括描述性字符串)：Mappings、Parameters 和 Outputs 都会在这一小节中进行介绍，并且 Resources 将被进一步分解。使用如下数据开始编写该文件(code/ch8/ch8- cfn-cluster.yml)。

代码清单8.1   元数据

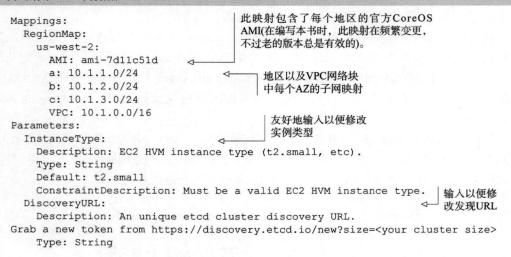

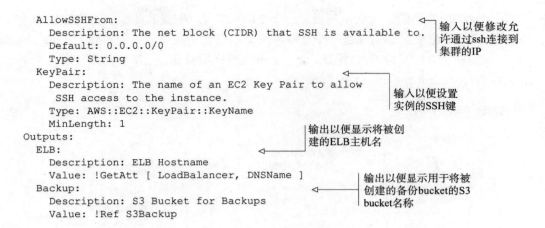

```
AllowSSHFrom:
  Description: The net block (CIDR) that SSH is available to.    ← 输入以便修改允
  Default: 0.0.0.0/0                                               许通过ssh连接到
  Type: String                                                    集群的IP
KeyPair:
  Description: The name of an EC2 Key Pair to allow
    SSH access to the instance.                                 ← 输入以便设置
  Type: AWS::EC2::KeyPair::KeyName                                 实例的SSH键
  MinLength: 1
Outputs:
  ELB:                                                          ← 输出以便显示将被创
    Description: ELB Hostname                                      建的ELB主机名
    Value: !GetAtt [ LoadBalancer, DNSName ]
  Backup:                                                       ← 输出以便显示用于将被
    Description: S3 Bucket for Backups                             创建的备份bucket的S3
    Value: !Ref S3Backup                                          bucket名称
```

Mappings 就是反映出对于一些变量而言的相对参数的对象。通常，这样才能维护具有多项用途的单个 CloudFormation 模板(比如多个地区)。Parameters 就是可以在模板中引用的用户输入的存放位置(稍后将介绍这是如何发挥作用的)。

如果我们希望用于 RegionMap 的最新 CoreOS Amazon Machine Image(API)数量，则可以在 http://mng.bz/6fUO 处找到它。要澄清的是，我们不必一直修改这一信息；CoreOS 将从任意映像中运行其自动升级程序。为简单起见，我已经为 us-east-1 和 us-west-2 提供了映射；读者可以根据需要添加更多的映射。IP 网络可任意分配：唯一要注意的就是，AZ之间绝对不能使用重叠的 IP 段，并且它们绝对不能与打算用于 flannel 的 IP 段重叠。

除了用于 DiscoveryURL 的输入参数，输入参数应该是简单易懂的。Vagrant 会自动设法创建这一令牌，但对于这个示例而言，我们必须访问 https://discovery.etcd.io/new。然后，将它生成的 URL 粘贴为参数(在执行这一模板时)。如果清除 AWS 中的集群，则必须在每次这样做时都生成一个新的此类令牌 URL。

Outputs 部分会输出关于集群的有用数据。如果我们希望添加这些内容(或者其他内容)，则可以阅读 http://mng.bz/27ww 处的 CloudFormation 开发文档。

现在，我们来探究这些资源，从 VPC 和网络配置开始。

2. VPC 和网络配置

这一节看上去似乎有大量的详细信息,但大部分内容都涉及使用 VPC 不同组件的默认设置为三个 AZ 设置它们。我们将定义 VPC 的基础网络组件，并且实质上设置私有云的第3 虚拟层配置。图 8.2 显示了我们正为该网络拓扑所构建的东西。

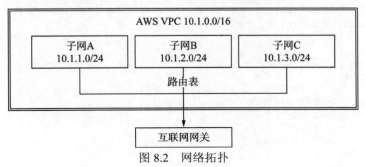

图 8.2　网络拓扑

　　正如我们所看到的，我们正在设置三个/24 网络段，配置其路由表，这样他们才能彼此通信，并且将它们全部附加到一个互联网网关。这就是我们会在大多数 CloudFormation 模板中看到的所有标准的 VPC 配置。为了划分这些样板资源，让我们开始使用一个不指定 AZ 的模板(code/ch8/ch8-cfn-cluster.yml)。

代码清单8.2　VPC 1

```
Resources:
  VPC:                              ←──── 在AWS中创建
    Type: AWS::EC2::VPC                    基础VPC对象
    Properties:
      CidrBlock: !FindInMap [ RegionMap, !Ref "AWS::Region", VPC ] ←─┐
      InstanceTenancy: default                      除此之外的一切都
      EnableDnsSupport: true                        是默认的，而这就
      EnableDnsHostnames: true                      是在代码清单8.1的
  InternetGateway:                  ←──── 互联网网关路由器    Mappings设置中所
    Type: AWS::EC2::InternetGateway                 定义的。
    Properties: {}
  AttachGateway:                    ←──── 将该路由器附加到VPC
    Type: AWS::EC2::VPCGatewayAttachment
    Properties:
      VpcId: !Ref VPC
      InternetGatewayId: !Ref InternetGateway
  RouteTable:                       ←──┐
    Type: AWS::EC2::RouteTable          初始化默认路由表
    Properties: { VpcId: !Ref VPC }
  InternetEgressRoute:              ←──┐
    Type: AWS::EC2::Route               将默认路由设置
    DependsOn: AttachGateway            为网关路由器
    Properties:
      RouteTableId: !Ref RouteTable
      DestinationCidrBlock: 0.0.0.0/0
      GatewayId: !Ref InternetGateway
  InternetNetworkAcl:               ←──── 创建默认ACL
    Type: AWS::EC2::NetworkAcl
    Properties: { VpcId: !Ref VPC }
```

　　VPC、网关、基础路由和 ACL 都已完成。代码清单 8.3 显示了三个子网络的子网配置，每个子网络对应一个 AZ(code/ch8/ch8-cfn-cluster.yml)。

代码清单8.3　VPC 2

```
SubnetA:                                            使用该子网映射(代码清
  Type: AWS::EC2::Subnet                            单8.1)来设置子网网络
  Properties:
    CidrBlock: !FindInMap [ RegionMap, !Ref "AWS::Region", a ] ←─┘
    AvailabilityZone: !Sub ${AWS::Region}a
    VpcId: !Ref VPC
SubnetB:
  Type: AWS::EC2::Subnet
  Properties:
    CidrBlock: !FindInMap [ RegionMap, !Ref "AWS::Region", b ]
    AvailabilityZone: !Sub ${AWS::Region}b
    VpcId: !Ref VPC
SubnetC:
  Type: AWS::EC2::Subnet
  Properties:
```

```
    CidrBlock: !FindInMap [ RegionMap, !Ref "AWS::Region", c ]
    AvailabilityZone: !Sub ${AWS::Region}c
  VpcId: !Ref VPC                              将子网络关联到路由表
AssociationSubnetA:
  Type: AWS::EC2::SubnetRouteTableAssociation
  Properties: { SubnetId: !Ref SubnetA, RouteTableId: !Ref RouteTable }
AssociationSubnetB:
  Type: AWS::EC2::SubnetRouteTableAssociation
  Properties: { SubnetId: !Ref SubnetB, RouteTableId: !Ref RouteTable }
AssociationSubnetC:
  Type: AWS::EC2::SubnetRouteTableAssociation
  Properties: { SubnetId: !Ref SubnetC, RouteTableId: !Ref RouteTable }
```

正如我们所见，为每个 AZ 构建了一个子网络，然后确保配置了其路由。我们使用了之前的映射来定义网络 CIDR。这代表了所有的基础 VPC 设置；我们继续介绍 IAM 实例配置文件以及安全性分组。

3. IAM 和安全性分组

IAM 为安全地对 EC2 的访问授权提供一种标准、灵活的方式(被称为 Principal 元素)，这样我们就能在 AWS 资源上执行操作。在代码清单 8.4(code/ch8/ch8-cfn-cluster.yml)中，我们将创建安全性分组，它会让我们从实例中的 AWS API 上执行特定操作。这对于 flannel 而言是一个必要条件，这样它才能创建和修改 VPC 路由表，并且这样我们才能禁用 EC2 实例上的 source/destination 检查。这一修改是必要的，因为将从一个不同于子网络所分配的 IP 来与 flannel 通信。

代码清单8.4　IAM

```
CoreOSRole:
    Type: AWS::IAM::Role                    创建一个角色以
    Properties:                             便放入策略
      AssumeRolePolicyDocument:
        Version: 2012-10-17
        Statement:
          - Effect: Allow
            Principal: { Service: [ ec2.amazonaws.com ] }
            Action: [ "sts:AssumeRole" ]
      Path: /
      Policies:
        - PolicyName: coreos
          PolicyDocument:
            Version: 2012-10-17                       允许flannel修改VPC
            Statement:                                配置的权限集
              - Effect: Allow
                Action:
                  - "ec2:CreateRoute"
                  - "ec2:DeleteRoute"
                  - "ec2:ReplaceRoute"                这后两个操作允许
                  - "ec2:ModifyNetworkInterfaceAttribute"  我们禁用source/dest
                  - "ec2:ModifyInstanceAttribute"     检查。
                Resource: "*"
              - Effect: Allow
                Action: [ "ec2:DescribeRouteTables",
```

```
      "ec2:DescribeInstances" ]
            Resource: "*"
CoreOSInstanceProfile:
  Type: AWS::IAM::InstanceProfile
  DependsOn: [ CoreOSRole ]
  Properties:
    Path: /
    Roles: [ !Ref CoreOSRole ]
```

这两个操作是为了让flannel
能够检测路由状态。

创建一个EC2实例配置文件,
它会被附加到将与实例关联的
角色

这段代码看起来很复杂——IAM 角色具有大量的嵌套对象——但它非常基础并且是从 CloudFormation 文档和 https://coreos.com/flannel/docs/latest/awsvpc-backend.html 处的 flannel VPC 后端文档的内容中合并提取出来的。我们在此处创建的 IAM 角色会变为附加到实例配置文件(然后它们会与 EC2 实例关联),这将为运行在这些实例之上的软件赋予在 EC2 上执行操作的权限。赋权的这些操作会操作网络路由和接口。这通常是首选的传递 AWS API 键的方式,因为我们不必在任何其他工具中对这些密钥进行管理或安全防护。

IAM 角色需要学习以便构建具有与 AWS 复杂交互或集成的栈的重要组件。它们是在 AWS 中以自动化方式管理 AWS 特性的关键所在。

接下来,我们可以定义安全性分组及其进入权规则(code/ch8/ch8-cfn-cluster.yml)。

代码清单8.5　安全性分组

```
ELBSecurityGroup:
    Type: AWS::EC2::SecurityGroup
    Properties:
      GroupDescription: LoadBalancer SecurityGroup
      VpcId: !Ref VPC
      SecurityGroupIngress:
      - { IpProtocol: tcp, FromPort: 80, ToPort:
        80, CidrIp: 0.0.0.0/0 }
      - { IpProtocol: tcp, FromPort: 8091,
        ToPort: 8091, CidrIp: 0.0.0.0/0 }
CoreOSSecurityGroup:
    Type: AWS::EC2::SecurityGroup
    DependsOn: [ ELBSecurityGroup ]
    Properties:
      GroupDescription: CoreOS SecurityGroup
      VpcId: !Ref VPC
      SecurityGroupIngress:
      - { IpProtocol: tcp, FromPort: 22,
        ToPort: 22, CidrIp: !Ref AllowSSHFrom }
      - { IpProtocol: -1, CidrIp: 10.10.0.0/16 }
      - { IpProtocol: -1, SourceSecurityGroupId:
        !Ref ELBSecurityGroup }
```

将用于负载均衡器的
安全性分组

希望开放这个负载均衡器的
访问(如果需要,可以缩小
其范围)

可以保持其开放以便测
试,不过这是我们的
Couchbase管理面板

CoreOS集群的安全
性分组

打开连接到Properties中
指定网络的SSH

允许来自flannel的流量

允许来自该负载均衡器
的所有传入流量

下面的代码清单添加了一些独立的进入权规则(code/ch8/ch8-cfn-cluster.yml)。

代码清单8.6　安全性分组进入权规则

```
Ingress4001:
    Type: AWS::EC2::SecurityGroupIngress
    DependsOn: [ CoreOSSecurityGroup ]
```

其余的这些进入权规则用于fleet、
etcd和flannel之间的内部通信

```
    Properties:
      GroupId: !GetAtt [ CoreOSSecurityGroup, GroupId ]
      IpProtocol: tcp
      FromPort: 4001
      ToPort: 4001
      SourceSecurityGroupId: !GetAtt [ CoreOSSecurityGroup, GroupId ]
  Ingress2379:
    Type: AWS::EC2::SecurityGroupIngress
    DependsOn: [ CoreOSSecurityGroup ]
    Properties:
      GroupId: !GetAtt [ CoreOSSecurityGroup, GroupId ]
      IpProtocol: tcp
      FromPort: 2379
      ToPort: 2379
      SourceSecurityGroupId: !GetAtt [ CoreOSSecurityGroup, GroupId ]
  Ingress2380:
    Type: AWS::EC2::SecurityGroupIngress
    DependsOn: [ CoreOSSecurityGroup ]
    Properties:
      GroupId: !GetAtt [ CoreOSSecurityGroup, GroupId ]
      IpProtocol: tcp
      FromPort: 2380
      ToPort: 2380
      SourceSecurityGroupId: !GetAtt [ CoreOSSecurityGroup, GroupId ]
```

通常，有了安全性分组，我们就可以在创建安全性分组时将进入权规则添加到 Security-GroupIngress 属性列表。不过，要将进入权规则从一个安全性分组添加到相同的安全性分组，则必须分别从该分组定义它们，正如这一代码清单中所示。这是为了避免先有鸡还是先有蛋的情况出现，这是因为安全性分组无法在其被创建之前进行引用；我们会注意到，这每一个独立进入权规则都依赖于首先被创建的分组。

所有的通信设置都已经配置好了。所有一切都应该能够与需要的对象进行通信，且具有高层次的安全性。此时，我们已经完成了栈的网络配置。

提示：通过策略方式或者组织的自有方式将这一配置分解成其自己的 CloudFormation 栈，这样的做法是很常见的。我们在这里不会对其进行分解，不过直到此时，该模板可能还是被一个基础设施团队所拥有，而该模板的其余部分可以被分解成开发团队使用的新栈，这样它们就可以被独立迭代了。

接下来，我们(终于)要进行真正的 CoreOS 集群部署了，这就是我们要构建出依赖于目前为止在模板中所创建的基础设施的资源的地方。

4. 自动扩展小组

我们将使用固定大小的三个结点为 CoreOS 集群设置一个简单的 ASG(第 10 章将介绍更为动态的扩展)。CloudFormation 中的 ASG 由两个对象构成：ASG，它会告知分组挂接到何处以及要创建多少实例；以及告知 AWS 每个 VM 应该如何运行的启动配置。ASG 和相关的启动配置以如下方式共同定义了 AWS 中 EC2 计算资源的行为方式：

- ASG 可以在哪个 VPC 子网络中启动 EC2 实例
- 集群中有多少实例
- 哪些负载均衡器应该自动将实例添加到其目标

- 要使用哪个 EC2 机器映像
- 用于 ASG 中所有实例的常规 EC2 配置(比如实例类型、块存储以及 SSH 键)
- 用于初始化配置和引导程序的用户数据是什么

首先，我们来看看 ASG(code/ch8/ch8-cfn-cluster.yml)。

代码清单8.7　AutoScaleGroup

引用启动配置(参见代码清单8.8)

```
CoreOSServerAutoScale:
    Type: AWS::AutoScaling::AutoScalingGroup
    DependsOn: [ VPC, WebTargetGroup, CouchbaseTargetGroup ]
    Properties:
        VPCZoneIdentifier: [ !Ref SubnetA, !Ref SubnetB, !Ref SubnetC ]
        LaunchConfigurationName: !Ref CoreOSServerLaunchConfig
        MinSize: 3
        MaxSize: 3
        DesiredCapacity: 3
        LoadBalancerNames: [ !Ref InternalEtcdLB ]
        TargetGroupARNs: [ !Ref WebTargetGroup, !Ref CouchbaseTargetGroup ]
```

关联的VPC子网络

最小和最大集群大小(记住，etcd至少需要三个)

为etcd创建一个经典负载均衡器的附加项

只有在至少这么多的结点启动之后，CloudFormation栈才会输入CREATE_COMPLETE状态

同时为Web应用和Couchbase管理面板的ELBv2负载均衡器创建目标分组的附加项

我们具有两类负载均衡器附加项。InternalEtcdLB 也可以是 v2 ELB，不过我在这里使用了经典负载均衡器来揭示这两个选项。TargetGroupARNs 用于 ELBv2 的目标，并且它们是新的(以及非常好的：它们支持 WebSockets 与 HTTP/2)。不过，这两个属性的目标相同：我们希望 AutoScaleGroup 将其实例与这些负载均衡器资源自动关联。

提示：完整的负载均衡器定义都位于下一小节中。

现在是启动配置(code/ch8/ch8-cfn-cluster.yml)。

代码清单8.8　启动配置

引用Parameters中指定的SSH键

引用Mappings中指定的AMI

引用Parameters中指定的InstanceType

```
CoreOSServerLaunchConfig:
    DependsOn: [ VPC, CoreOSSecurityGroup, CoreOSInstanceProfile ]
    Type: AWS::AutoScaling::LaunchConfiguration
    Properties:
        ImageId: !FindInMap [ RegionMap, !Ref "AWS::Region", AMI ]
        InstanceType: !Ref InstanceType
        KeyName: !Ref KeyPair
```

```
     SecurityGroups: [ !Ref CoreOSSecurityGroup ]
     IamInstanceProfile: !Ref CoreOSInstanceProfile
     AssociatePublicIpAddress: true
     BlockDeviceMappings:
       - DeviceName: /dev/xvdb
         Ebs: { VolumeSize: 10, VolumeType:
         gp2, DeleteOnTermination: true }
     UserData:
       "Fn::Base64": !Sub |
```

附加到上一节中所创
建的IAM配置文件

并非所有的实例都需要驱动器附加，
但所有廉价的t2实例都需要

这是困难的部分：我们的云配置，
会用Base64对其进行编码

确保提供了公共IP，这样才能通过
ssh连接到它(这也会变成出口IP)

附加到上一节中所创建的
CoreOSSecurityGroup

　　我们来更深入研究这一方面的内容，因为这是重头戏所在。我们暂时忽略 UserData 的内容；不过 UserData 就是 CoreOS 将查找其云配置的位置，因此它将是一个必须对其进行编码的大型 YAML 文件。在 AWS CloudFormation 中，资源的每个属性都具有相关的更新需求。UserData 上的 AWS 文档(http://mng.bz/8th9)显示了 "Update requires: Replacement"。这意味着，如果修改 UserData 中的云配置，那么已经启动的实例配置将不会被修改。如果希望更新其云配置，那么它们必须被终止并且重建。这也意味着，如果这样做的话，与集群有关的所有内容都会被销毁，这样云配置就应该会变得通用了。此外，如果最终修改了它，则必须确保生成一个新的发现令牌，这样才能初始化一个新集群。

　　本章后续内容将探究为这一集群所使用的云配置，因此要记住，这个 UserData 位于该文件中。就目前而言，让我们来完成使用负载均衡器和 S3 bucket 的模板。

5. ELB 和 S3

　　在代码清单 8.9 中，创建一个简单的 ELB 用于对将部署的应用程序的外部访问，还创建了一个将在第 9 章中用来从其他 AWS 服务与 etcd 通信的内部 ELB(code/ch8/ch8-cfn-cluster.yml)。这些都是在 ASG 中引用的。我们还部署了 S3 bucket 和策略，在第 10 章中将使用它们进行备份。我们正在使用较新的 ELBv2 类型，因为它在示例应用程序中会与 WebSockets 更好地协作。在该 ELB 中，我们要同时为 Web 应用和 Couchbase 管理面板编写监听器。通常，出于安全性的考虑，我们可能会对此进行更多的划分，不过为了简洁的目的，这个示例会将它们保留在相同的 ELB 中。

代码清单8.9　ELBv2基础

```
LoadBalancer:
    Type: AWS::ElasticLoadBalancingV2::LoadBalancer
    DependsOn: [ ELBSecurityGroup ]
    Properties:
        SecurityGroups: [ !Ref ELBSecurityGroup ]
        Subnets: [ !Ref SubnetA, !Ref SubnetB, !Ref SubnetC ]
```

基础的ELBv2需要定义
其安全性分组……

……以及VPC
子网络

　　这只是用于 ELB 的初始资源。就其本身而言，它并不会执行大量处理；它需要监听器来暴露到互联网，并且需要目标分组来获悉将连接发送到何处。

首先定义 Web 目标分组和监听器(它们将指向 node.js 应用程序；code/ch8/ch8-cfn-cluster.yml)。

代码清单8.10　ELBv2 Web应用

```
WebTargetGroup:
    Type: AWS::ElasticLoadBalancingV2::TargetGroup          用于Web应用的目
    Properties:                                             标运行在端口3000
        Port: 3000                                    ◄──────上……
        VpcId: !Ref VPC                               ◄───── ……并且这些目标存
        Protocol: HTTP                                       在于VPC中
        TargetGroupAttributes:
          - { Key: stickiness.enabled, Value: true }  ◄───  我们需要
          - { Key: stickiness.type, Value: lb_cookie }       WebSockets
WebListener:                                                  的粘性以便
    Type: AWS::ElasticLoadBalancingV2::Listener              正确运行
    DependsOn: [ LoadBalancer, WebTargetGroup ]
    Properties:                                              将转发操作附
        DefaultActions: [ { Type: forward, TargetGroupArn:   加到目标分组
        ➡ !Ref WebTargetGroup } ]
 ┌─►  Port: 80                                        ◄─────
 │    LoadBalancerArn: !Ref LoadBalancer              ◄─────  附加到负载均衡器
 │    Protocol: HTTP
监听端口80
```

此代码清单在负载均衡器上创建 TCP 端口 80，配置为在端口 3000(node.js 应用程序端口)上跨目标进行负载均衡。

接下来，要制作一个负载均衡器以便访问 Couchbase 管理面板(code/ch8/ch8-cfn-cluster.yml)。

代码清单8.11　ELBv2 Couchbase管理面板

```
CouchbaseTargetGroup:
    Type: AWS::ElasticLoadBalancingV2::TargetGroup
    Properties:
        Port: 8091                                    ◄─┐  用于Couchbase管理的目标运
        VpcId: !Ref VPC                                 │  行在端口8091上
        Protocol: HTTP
        TargetGroupAttributes:
          - { Key: stickiness.enabled, Value: true }
          - { Key: stickiness.type, Value: lb_cookie }
CouchbaseListener:
    Type: AWS::ElasticLoadBalancingV2::Listener
    DependsOn: [ LoadBalancer, CouchbaseTargetGroup ]
    Properties:
        DefaultActions: [ { Type: forward, TargetGroupArn:
        ➡ !Ref CouchbaseTargetGroup } ]
        Port: 8091                                    ◄─────  监听端口8091
        LoadBalancerArn: !Ref LoadBalancer
        Protocol: HTTP
```

对于管理面板，我们要在端口 8091 上监听，对于负载均衡，要在目标的相同端口上监听。

对于内部 etcd 负载均衡器，我们将使用经典的负载均衡器；这将让我们可以与 etcd 通

信，而不必从 VPC 内部获知与集群中主机有关的任何信息(code/ch8/ch8-cfn-cluster.yml)。
实质上，这对于不必为了不在 CoreOS 集群中的服务以编程式发现一个要连接到的主机，
比如 AWS Lambda，是方便的。

代码清单8.12　ELB(内部的)

```
InternalEtcdLB:
    Type: AWS::ElasticLoadBalancing::LoadBalancer
    DependsOn: [ CoreOSSecurityGroup ]
    Properties:
      Scheme: internal                         ◄──── 这意味着这个ELB仅能从
                                                      VPC中在本地IP上访问
      Listeners: [ { LoadBalancerPort: 2379,
      ➡ InstancePort: 2379, Protocol: TCP } ]  ◄──── 用于etcd的默认端口
      HealthCheck:
        Target: TCP:2379
        HealthyThreshold: 3
        UnhealthyThreshold: 5
        Interval: 10                                  我们希望它被绑定到默
        Timeout: 5                                    认的内部安全性分组
      SecurityGroups: [ !Ref CoreOSSecurityGroup ] ◄──
      Subnets: [ !Ref SubnetA, !Ref SubnetB, !Ref SubnetC ]
```

现在介绍 S3 备份 bucket(code/ch8/ch8-cfn-cluster.yml)。

代码清单8.13　S3 bucket

```
S3Backup:                    ◄──── 创建bucket
    Type: AWS::S3::Bucket
    Properties:                                        添加规则以便删除所
      LifecycleConfiguration:                          有10天之前的对象
        Rules: [ { ExpirationInDays: 10, Status: Enabled } ] ◄──
  BackupPolicy:
    Type: AWS::S3::BucketPolicy
    DependsOn: [ CoreOSRole ]
    Properties:                        创建权限策略
      Bucket: !Ref S3Backup
      PolicyDocument:
        Id: backup
        Version: 2012-10-17
        Statement:
          - Sid: backup                              CoreOS实例配置文件角色
            Action: "s3:*"                           应该可以访问……
            Effect: Allow
            Principal: { AWS: !GetAtt [ CoreOSRole, Arn ] } ◄──
            Resource: [ !Sub "arn:aws:s3:::${S3Backup}",
            ➡ !Sub "arn:aws:s3:::${S3Backup}/*" ] ◄──
                                                     ……写入bucket以及
                                                     其中的所有对象
```

　　注意，使用一个策略设置 S3 bucket 以便允许 CoreOS 结点对这个 bucket 执行任何操作。
因此，可以通过其 API 来使用它，而不需要提供键值，IAM 角色会以相同的方式从集群中
执行 EC2 操作。

　　不同于通过用户数据添加云配置，此 CloudFormation 模板从功能上来说是完整的：
● 基础的网络、路由和基于端口的安全性分组都已就位。

- 我们已经配置了计算资源以便适用于该基础平台。
- 我们已经配置了外沿负载均衡器、内部负载均衡器以及备份存储。

如果读者没有丰富的 AWS 经验，那么这也应该让读者大致理解 AWS 中不同资源适配到一起的方式。我们接下来将研究云配置，这样就能将其粘贴进去并且让集群运行起来！

8.1.5　AWS 中的云配置

我们来看看目前所处的位置。在介绍云配置之前，我们看看图 8.3；它显示了我们到目前为止已经定义和配置的所有基础设施和资源。幸运的是，有了 CloudFormation 中新增加的!Sub 函数(参见 http://mng.bz/9D9L)，近来就可以非常容易地将 YAML 格式的云配置放入 CloudFormation 模板中作为用户数据——尤其是模板中必须插入资源引用的位置。如果没有将 YAML 用于 CloudFormation 模板，那么这一任务将难得多，这也是一项新特性。

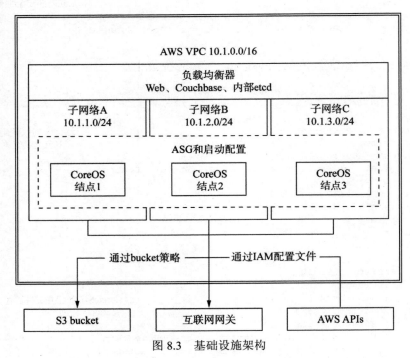

图 8.3　基础设施架构

所有这些云配置都应该放在8.1.4节中 ASG 启动配置的!Sub |部分之下。如果存有疑虑，可以下载本章开头处所引用的模板。

1. 样板

以下代码清单显示了 AWS 的基础云配置。

代码清单8.14　基础云配置

```
#cloud-config
coreos:
  etcd2:
    discovery: ${DiscoveryURL}
    advertise-client-urls: http://$private_ipv4:2379
    initial-advertise-peer-urls: http://$private_ipv4:2380
    listen-client-urls: http://0.0.0.0:2379,http://0.0.0.0:4001
    listen-peer-urls: http://$private_ipv4:2380
  units:
    - name: etcd2.service
      command: start
    - name: fleet.service
      command: start
```

etcd在模板开头处发现来自参数的URL

这应该类似于之前本书开头处 Vagrant 的 UserData。这里是一个示例，它表明了这在 ASG 启动配置的模板中看起来实际上应该是什么样子：

```
...
    UserData:
      "Fn::Base64": !Sub |
        #cloud-config
        coreos:
          etcd2:
...
```

这一内部函数会进行Base64编码并且使用!Sub函数来创建一个模板

其余的部分就是代码清单8.14中开始处理的云配置，并且我们将继续进行配置

进行了说明并且准备好样板云配置之后，就可以继续云配置中单元定义的其余部分。

2. 自定义单元

代码清单 8.15 中的单元定义应该被附加到代码清单 8.14 的基础云配置之下。这些都是额外的单元，它们会让启动时的所有一切完全正常运行，包括 flannel。

代码清单8.15　cloud-config.yml单元——元数据

```
- name: set-metadata.service
    runtime: true
    command: start
    content: |
      [Unit]
      Description=Puts metadata in /etc/instance
      [Service]
      Type=oneshot
      RemainAfterExit=yes
      ExecStart=/usr/bin/sh -c 'echo INSTANCEID=$(curl http://169.254.169.254/
      ➥latest/meta-data/instance-id) > /etc/instance'
      ExecStart=/usr/bin/sh -c 'echo AZ=$(curl http://169.254.169.254/
      ➥latest/meta-data/placement/availability-zone) >> /etc/instance'
      ExecStart=/usr/bin/sh -c 'echo REGION=$(curl http://169.254.169.254/
      ➥latest/meta-data/placement/availability-zone
      ➥| rev | cut -c 2- | rev) >> /etc/instance'
```

在/etc/instance中放入实例id、AZ和地区作为环境变量

这个一次性服务完全是为了之后的便利性，这样我们就不必总是查询这一信息了。从 AWS 实例内，我们总是可以访问 http://169.254.169.254/latest/meta-data/这个 URL 来获得关于该实例在其中运行的上下文的一些信息；这个 API 的详细信息位于 http://mng.bz/NvRT 处。

下面两个单元会为 Docker 格式化和挂载文件系统。这是我们在 ASG 启动配置中添加

的 10 GB EBS 设备。我们希望确保在 Docker 启动之前完成所有这些处理。

代码清单8.16   cloud-config.yml单元——Docker文件系统

```
- name: format-docker.service
    runtime: true
    command: start
    content: |
      [Unit]
      Description=Wipe Ephemeral          希望在引导过程中
      Before=docker.service               尽早对其格式化
      Before=docker-early.service
      [Service]
                                          清除在启动配置中
      Type=oneshot                        创建的驱动器……
      RemainAfterExit=yes
      ExecStart=/usr/sbin/wipefs -f /dev/xvdb
      ExecStart=/usr/sbin/mkfs.ext4 -m0 -L
     ➥docker -b 4096 -i 4096 -I 128 /dev/xvdb    ……用ext4格
                                                    式化它……
- name: var-lib-docker.mount
    command: start
    content: |
      [Unit]
      Description=Mount storage to /var/lib/docker
      Requires=format-docker.service
      After=format-docker.service
      Before=docker.service
      Before=docker-early.service
      [Mount]                             ……并且将之挂载到Docker
      What=/dev/xvdb                      存储其数据的位置
      Where=/var/lib/docker
      Type=ext4
```

以下单元会在实例上自动启动 flannel 并且配置它，以便通过 AWS VPC flannel 驱动器使用一个/16 网络。因此，flannel 的使用应该没有开销。

代码清单8.17   cloud-config.yml单元——flannel

```
              - name: flanneld.service
                  command: start            ◁—— 启动flannel
                  drop-ins:
                    - name: 50-network-config.conf
  设置用于flannel       content: |
  的网络，并且告         [Service]
  知它使用aws-vpc       ExecStartPre=/usr/bin/etcdctl set /coreos.com/network/config
  后端               ➥'{ "Network": "10.10.0.0/16", "Backend":
                     ➥{"Type": "aws-vpc"} }'
```

我们探讨过，flannel 需要关闭实例上的 source-dest 检查。遗憾的是(到目前为止)，AWS 还没有创建一个 CloudFormation 键来在 ASG 中关闭它。如果正在使用独立的 EC2 实例，则可以关闭它，不过不能在自动扩展的场景下这样做。这也是必须创建这最后一个服务(代码清单 8.18)的原因。运行它的准确时机有点麻烦，因为仅能通过 Docker 容器来使用 AWS CLI 工具，并且还会在引导进行时搞乱 Docker，这会格式化其驱动器并且启动 flannel。不必为 flannel 的启动开启 source-dest——只要为其正常运行而开启它即可——因此，如果等待其他一切结束时才开启它也是可以的。

代码清单8.18　cloud-config.yml单元：source-dest检查

```
- name: set-sdcheck-off.service
      runtime: true
      command: start
      content: |
        [Unit]
        Requires=var-lib-docker.mount
        ↪set-metadata.service flanneld.service
        After=var-lib-docker.mount set-metadata.service flanneld.service
        Description=Sets source-dest check to off
        [Service]
        EnvironmentFile=/etc/instance
        Type=oneshot
        RemainAfterExit=yes
        ExecStart=/usr/bin/docker run cgswong/aws:aws
        ↪--region $REGION ec2 modify-instance-attribute
        ↪--no-source-dest-check --instance-id $INSTANCEID
```

我们想要在元数据服务、Docker格式化以及flannel完成之后再运行它

使用首个一次性单元中创建的/etc/instance环境文件

运行AWS CLI工具以便关闭这个实例上的source-dest检查

　　这对于 AWS 中的云配置而言是相当通用的基准，并且它应该会让大家理解我们需要 CoreOS 执行的几个额外引导程序，这些引导程序可以充分利用 AWS 的运行环境。一旦这个云配置 YAML 自文档完成，并且使用合适的行首缩进插入到模板中之后，就应该准备好部署 CloudFormation 栈！

8.1.6　部署

　　我们最终准备好启动 CloudFormation 栈。提醒一下：在启动时，AWS 就会开始计费了。我将仅仅介绍使用 CLI 的部署，不过该 Web 控制台相当易于使用。不管怎样，我们都可以引用这部分内容中所极力装配的文件或者本书代码库中的文件。

　　在这一节中，我们将基本理解如何部署在本章的 CloudFormation 模板中所定义的所有基础设施以及如何与之交互。该程序类似于大家可能自行构建的任何其他 CloudFormation 栈，并且这会是我们要用于本书后续内容中的栈。

1. 执行和参数

为了开始部署，我们需要以下内容作为输入参数：

- 栈的一个悦耳易记的名称
- 用于 SSH 访问的以 CIDR 标记法表示的 IP(或者 0.0.0.0/0)
- 新的发现 URL(可以在 https://discovery.etcd.io/new 处生成一个)
- 我们想要的实例类型(参见 https://aws.amazon.com/ec2/instance-types)
- 我们为这个地区创建的 EC2 键值对的名称

提示：在处理这些栈时使用 t2.micro 是可行的。不过在部署从第 7 章开始编写的应用程序时，我们至少需要使用 t2.small 结点以满足 Couchbase 的 RAM 需求。可以在 https://aws. amazon.com/ec2/pricing 处找到价格信息。

提示：如果还没有设置 AWS CLI 工具，那么现在就要使用 aws 配置进行设置。其过程相当简单明了，不过我们可以阅读一下 http://mng.bz/fsfG 处的文档。

我们来启动它：

我们可以检查栈创建的状态，也可以运行 wait 命令来让 CLI 仅在创建完成时返回：

```
$ aws --output text cloudformation describe-stacks
... CREATE_IN_PROGRESS ...
$ aws cloudformation wait stack-create-complete --stack-name coreosinaction
```

在CREATE_COMPLETE时返回0，如果出现任何失败，则返回非0值

提示：如果难以理解栈状态或者觉得它没什么意义，那么总是可以登录到 AWS Web 控制台，并且查看栈的 CloudFormation 事件标签页。

在其状态变为 CREATE_COMPLETE 时，我们应该就能够从 CloudFormation 栈中查询输出对象。这些输出的配置项将在第 8 章和第 9 章中发挥作用。

```
$ aws --output text cloudformation describe-stacks \
  --stack-name coreosinaction \
  --query 'Stacks[0].Outputs[*].[OutputValue]'
coreosinaction-s3backup-1eunpnsppx78f
coreosinaction-LoadBalan-D5IYNEXB783K-2021937736.
➡us-west-2.elb.amazonaws.com
```

查询以获得输出值

S3 bucket名称

ELB主机名称

现在栈已经启动并且处于运行中，我们可以进入集群之中并且确认所有一切都已设置好了。

2. 登录

首先，找到其中一个实例的 IP，这样我们就能登录并且检查集群。可以通过 Web 控制台完成此项处理，或者可以使用 AWS CLI。但是，EC2 实例并没有考虑到栈资源，因为它们位于一个 ASG 中，所以必须添加一些过滤器和查询来取回 IP：

```
$ aws --output text ec2 describe-instances \
  --filter Name=tag:aws:cloudformation:stack-name,Values=coreosinaction \
  --query 'Reservations[*].Instances[0].[PublicIpAddress]'
54.149.189.24
54.213.46.236
54.186.111.47
```

通用描述API所请求的所有实例

返回所找的每个实例的PublicIpAddress的输出查询

这个过滤器会与请求一起被发送以便取回一个子集

提示：AWS CLI 工具功能很强大。可以在 http://mng.bz/w17N 处阅读到更多与其高级特性有关的内容。

使用参数中指定的键值对(还要确保已经为其设置了合适的权限以用作 SSH 键)，我们可以登录到其中一个集群结点上：

```
$ ssh \
  -i <path to your key> \
  core@54.149.189.24
...
CoreOS stable (1068.10.0)
...
core@ip-10-1-2-246 ~ $
```

可以选择在SSH配置中设置这个键或者将其添加到ssh-agent

可以进行一些检查以便确保所有一切都已经正确设置好了：

```
core@ip-10-1-2-246 ~ $ fleetctl list-machines
MACHINE          IP             METADATA
4b3ea058...      10.1.2.246     -
6b113e17...      10.1.3.129     -
ba357666...      10.1.1.253     -

core@ip-10-1-2-246 ~ $ ip addr show dev docker0 scope global
3: docker0: <NO-CARRIER,BROADCAST,MULTICAST,UP>
   mtu 1500 qdisc noqueue state DOWN group default
   link/ether 02:42:63:ae:aa:30 brd ff:ff:ff:ff:ff:ff
   inet 10.10.33.1/24 scope global docker0
      valid_lft forever preferred_lft forever

core@ip-10-1-2-246 ~ $ df -h /var/lib/docker/
Filesystem       Size   Used Avail Use% Mounted on
/dev/xvdb        9.6G   137M  9.5G   2% /var/lib/docker
```

检查fleet集群状态

检查docker0的IP

这个IP应该位于为8.1.5节云配置中的flannel所分配的子网段中

确保所挂载的该/var/lib/docker具有新的10 GB容量

提示：如果需要删除栈，则要使用 aws cloudformation delete-stack --stackname coreosinaction。不过要记住，我们不能使用重复的栈名称；因此，如果希望再次使用 coreosinaction，则必须等待它完全删除，而这会花费数分钟时间。

现在在 AWS 就有了一个准备好发布生产的集群。大家可以随意修改参数并且根据需要来进行精确调整。添加更多的参数以便在 CloudFormation 模板中引用，这样我们就能具有对于不同部署的不同输入：例如，具有三个结点的临时环境和具有六个结点的生产环境。目前应该能够轻易创建和销毁栈。下一章将介绍将应用程序部署到 AWS 中的新集群，以及如何使用 AWS 中的工具开启所有部署的自动化处理。

不要忘记关停 AWS 服务。如果不希望在空闲时间为其付费，那么我们可能希望销毁 CloudFormation 集群。可以在 https://console.aws.amazon.com/billing/home 处查看我们的费用结算仪表板。

8.2　本章小结

- 务必阅读 AWS 关于 CloudFormation 的文档，其结构良好并且包含了很好的示例。
- 密切关注依赖对象，哪些内容可以在 CloudFormation 中不受干扰地变更，以及哪些会引发对象替换(造成停机)。
- 记住，对于云配置的变更需要重新创建以便使之生效。
- 便利地保留来自栈 OUTPUTS 的结果，它们表示与系统交互的关键接触点。

整合到一起：部署

## 第9章

本章内容：
- 自动化部署到 AWS
- 将应用程序部署到 AWS 基础设施
- 将渐进式变更推送到应用程序

我们的开发集群已经设置好了，生产集群也设置好了，并且我们已经架构出具有性能扩展和可靠性的完整应用程序栈。现在，必须弄清楚要如何应对部署任务。构造部署机制的模型非常之多，并且还有许多选项用于持续的集成系统、任务调度器以及构建系统。在第 8 章之后，我们已经具有了可供使用的两个主要系统：CoreOS 和 AWS。我们希望能够做一些适用于这两个系统的处理，而不需要创建它们之间的深度依赖。

在这一章中，我们将创建一个相当通用的工作流；它将做一些简化以便保留通用性并且避免将更多组件引入系统之中。在开始为我们自己的应用程序构建这类管道时，很可能会使用各种其他工具，不过这个示例提供了可以放入工具集中的一个部署系统的基础输入。

归根结底，这意味着我们要在 AWS 中创建一些最终能够对 etcd 中的一个值进行调整控制的东西，不过我们希望可以这样做，而不需要：
- 构建出新的 EC2 VM 来进行编制
- 在 CoreOS 结点上运行一个仅适用于 AWS 的代理

出于两个原因，我已经建立了这些约束。首先，添加会变成其他基础设施依赖项的基础设施对于十二要素方法论来说会有那么点反模式的意思；它会紧耦合两个系统。其次，AWS 部署在功能上应该类似于本地 Vagrant 集群中部署的运行方式，以便减轻"仅适用于特定机器"的综合症。

组织中的软件开发无疑会经历某种生命周期。支持该软件的服务可能会经历类似的过程。在遵循第 6 章和第 7 章架构系统的过程中，最终的结果就是 Docker 容器和服务单元文件。我们希望将该软件和那些服务可靠地(并且在使用一定量的抽象的情况下)部署到全新的生产集群中，就像我们在本地开发环境中所做的处理那样迅速。

在这一章中，我们要添加/构建一些新东西：
- AWS 中的一个管道，它会触发 etcd 以便提供 sidekick 的上下文
- 一个网关，这样我们就能远程(从 Docker Hub 网络挂钩处)执行该触发

● 修改 sidekick 以便从 etcd 中获得部署上下文

值得借鉴之处就是，如何借助单个不需要直接与 fleet 交互的接触点将软件部署到运行在 AWS 中的 CoreOS 集群上。图 9.1 显示了我们要构建的东西：我们要使用 AWS Lambda、AWS API Gateway 以及 Docker Hub，通过 etcd 来初始化受 sidekick 控制的部署。

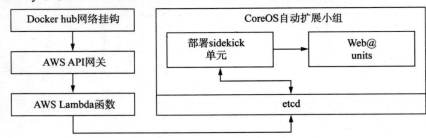

图 9.1　部署管道

9.1　新的 CloudFormation 对象

是的，我们要开始将更多的对象添加到不断增长的 CloudFormation 模板！

● 充当伪 API 部署键的一个输入参数
● 一个输出键，可以将它放入 Docker Hub 的网络挂钩配置中
● 一个 Lambda 函数，它会在内部 etcd 负载均衡器上设置一个键
● 一个为该网络挂钩创建端点的 API Gateway 配置

在这一章中，我会假定大家已经阅读了上一章的内容，并且，打个比方来说，理解了 Parameter 对象会放入 CloudFormation 文件的 Parameters 部分中。首先将创建该参数和输出对象，并且在这一节结束时，要运行 update-stack 命令。

提示：如果对于 YAML 有疑虑，那么像上一章一样，可以在本书代码库中找到这一章的完整 CloudFormation 模板(code/ch9/ch9-cfn-cluster.yml)。

9.1.1　参数和输出

我们要添加一个新参数和一个新的输出对象。它们是相关的，我们将会看到这一点。

代码清单9.1　参数

对此，我们需要一个随机生成
的URL安全字符串

```
DeployKeyPath:
  Description: Long URI component used as a passphrase (in a URI)
  ➥for deployment. (e.g. pwgen -A 64 1)
  Type: String
  MinLength: 64
  MaxLength: 128
  NoEcho: true
  AllowedPattern: "[a-z0-9]*"
  ConstraintDescription: Must be 64-128 characters
```

代码清单9.2　输出

```
                                          ┌── 可以放入Docker Hub
                                          │   网络挂钩中的URL
DeployHook:                          ◄────┘
  Description: URL to put in Docker Hub web hook
  Value: !Sub "https://${DeployApi}.execute-api.${AWS::Region}
  ➥.amazonaws.com/prod/${DeployKeyPath}"  ◄──┐
                                             │  从马上要创建的对象中生
                                             └── 成URL和DeployKeyPath
```

CloudFormation 栈修改之后的最终成品是一个 URL，它会引发 CoreOS 集群更新该 Web 应用。遗憾的是，Docker Hub 网络挂钩特性并非来自一个特定的 IP 区段，并且不支持自定义头信息，所以我们不得不在这里公开这一 URL。这个(无可否认不那么安全)的解决方案就是，使用像 API 键那样具有合理熵值的 URL，这会难以被猜中。不过，由于我们正在使用 AWS API Gateway，因此如果我们希望添加另一个安全触发器的话——例如，来自 CI 系统的触发——那么这样做就无关紧要了。

鉴于你打算构造这部分内容的方式，这里是情况最坏的场景。如果有人进行暴力破解——例如，https://<YOUR API GATEWAY>/prod/ iheph6un2ropiodei7kamo7eegoo-2kethai 3cohfaicaegae4ea8ahheriedoo1w——并且弄到了正确的值，那么他们所能做的最糟糕的事情就是造成服务非常快速地重启。在将像这样的 API 挂载到现实环境中时，确保安全就是我们的职责所在。正如这一章开头引言所提及的，这是我们可能希望控制的与另一个更适合于我们工作流和安全性需求的系统的相互作用。我们接下来将开始处理 Resources。

9.1.2　AWS Lambda

AWS Lambda 是 AWS 中一项较新的服务，它让我们可以在响应 AWS 中的事件时运行代码段(Node.js、Python 或者 Java)。它具有一个有意思的定价模型：根据任务执行完成所需的时长以 100 ms 为单位来计费。这使得它非常适合于像异步部署这样的快速、面向任务的操作。我们将在下一小节中设置事件发送器(AWS API Gateway)，不过在这里我们要设置 Lambda 函数。

首先，需要将一个新的 IAM 角色用于 Lambda，这样它就能在 VPC 中进行任务处理。

代码清单9.3　Lambda角色

```
LambdaDeployRole:
  Type: AWS::IAM::Role
  Properties:
    AssumeRolePolicyDocument:
      Version: 2012-10-17
      Statement:
        - Action: "sts:AssumeRole"
          Effect: Allow
          Principal: { Service: lambda.amazonaws.com }
    Path: /
    ManagedPolicyArns:
```

```
- "arn:aws:iam::aws:policy/service-role/AWSLambdaBasicExecutionRole"
- "arn:aws:iam::aws:policy/service-
role/AWSLambdaVPCAccessExecutionRole"
```

这些策略都是AWS提供的，因此不必像对flannel所做的那样创建自定义策略

现在来研究这个 Lambda 函数。这里内联了这一简短脚本，非常类似于第 8 章的云配置。Lambda 并不支持内联 Java；为了保持一致，这个示例会使用 Node.js，因此我们不必担心 Code 部分中的新行或空白。

代码清单9.4　Lambda函数

```
DeployLambda:
  Type: AWS::Lambda::Function
  DependsOn: [ CoreOSSecurityGroup, LambdaDeployRole ]
```

希望这个Lambda函数能够在CoreOS子网络上通信……

……并且我们希望将它放在CoreOS安全性小组中

```
Properties:
  VpcConfig:
    SubnetIds: [ !Ref SubnetA, !Ref SubnetB, !Ref SubnetC ]
    SecurityGroupIds: [ !Ref CoreOSSecurityGroup ]
  Role: !GetAtt [ LambdaDeployRole, Arn ]
  Timeout: 2
  Handler: index.handler
  Runtime: nodejs4.3
  Code:
    ZipFile: !Sub
      - |
        const options = {
          host: '${host}',
          port: 2379,
          path: '/v2/keys/coreos.com/deploy',
          method: 'PUT',
          headers: {'Content-Type': 'application/x-www-form-urlencoded'}
        };
        exports.handler = (event, context, callback) => {
          if (event['push_data'].tag === 'production') {
            const payload = event.repository.name;
            const req = require('http').request(options);
            req.write(`value=${!payload}`);
            req.end(() => callback(null, `deploy:${!payload}`));
          } else {
            callback(null, 'non-production push');
          }
        };
      - host: !GetAtt [ InternalEtcdLB, DNSName ]
```

将该函数附加到代码清单9.3中所创建的角色

2秒超时：对于这一简单函数来说足够了

为该连接设置选项，连接到第8章中创建的内部etcd负载均衡器，并且以/coreos.com/deploy键为目标

部分Docker Hub的负载包含该容器标签。我们仅希望在该标签是"production"时进行操作

如果该标签并非"production"则发送一条成功信息

替换常量选项对象中的"${host}"字符串

设置Docker repo名称作为该部署键的值

类似于第8章中的Base64函数，只不过它会为Lambda制作一个压缩文件以供消费

此处有一些复杂性，不过如果阅读了前几章 sidekick 单元的代码的话，那么就没什么新鲜内容了。这里唯一的区别在于，我们是在不借助方便的 Node.js 库的帮助的情况下与 etcd 进行交互(仅适用内置的 http 模块)，并且是在访问第 8 章中所创建的内部 etcd 负载均

衡器，而非直接访问一个结点。我们基本上是在特定 Docker 标签上锁定该部署。如果该标签被推送到 Docker Hub，那么这段代码就会将一个新的值推送到 etcd 键。

提示：如果我们希望了解与 Lambda for CloudFormation 选项有关的更多内容，则可以在 http://mng.bz/57Br 找到相关文档。

最后，要赋予 API Gateway 权限以便调用该 Lambda 函数。

代码清单9.5　Lambda权限

```
LambdaPermission:
  Type: AWS::Lambda::Permission
  DependsOn: [ DeployLambda ]
Properties:
  Action: "lambda:InvokeFunction"
  FunctionName: !GetAtt [ DeployLambda, Arn ]
  Principal: apigateway.amazonaws.com
```

9.1.3　API Gateway

API Gateway 让我们可以触发 Lambda 函数，并且随这些函数一起传递任意 HTTP 参数。我们仅将为一个方法添加一个资源；不过这需要大量的独立资源才能正常运行，因此必须纳入许多样板配置来初始化此资源。

代码清单9.6　Rest API和资源

```
DeployApi:                              ←── 基础API Gateway资源
  Type: AWS::ApiGateway::RestApi
  Properties: { Name: deploy-coreosinaction }
DeployResource:
  Type: AWS::ApiGateway::Resource
  DependsOn: [ DeployApi ]
  Properties:                                          引用根(/)资源
    ParentId: !GetAtt [ DeployApi, RootResourceId ] ←┘
    PathPart: !Ref DeployKeyPath      引用DeployKeyPath
    RestApiId: !Ref DeployApi         输入参数

将它连接到API
```

这里的基础资源非常类似于第 8 章中 Web 负载均衡器中的基础资源；直到附加 API Gateway 资源、方法、部署和阶段步骤之前，它都不会独立做太多处理。

现在，需要为此资源定义 POST 方法并且将它附加到 Lambda。

代码清单9.7　POST方法

```
DeployPOST:
  Type: AWS::ApiGateway::Method
  DependsOn: [ DeployLambda ]
  Properties:
    HttpMethod: POST          ←── 正在监听的资源的POST方法
```

```
    AuthorizationType: NONE
    Integration:
      PassthroughBehavior: WHEN_NO_MATCH
      Type: AWS
      IntegrationHttpMethod: POST
      IntegrationResponses: [ StatusCode: 200 ]
      Uri: !Sub
        - "arn:aws:apigateway:${region}:lambda:path/2015-03-31
          /functions/${arn}/invocations"
        - { arn: !GetAtt [ DeployLambda, Arn ], region: !Ref "AWS::Region" }
    MethodResponses: [ StatusCode: 200 ]
    ResourceId: !Ref DeployResource
    RestApiId: !Ref DeployApi
```

暴露给外部，正如这一节开头所阐释的那样

API Gateway将发送给Lambda的POST

附加代码清单9.6的资源和API

将该路径组装到Lambda函数

接下来，要为 API Gateway 构造"部署"。

代码清单9.8　部署

```
DeployDeployment:
  DependsOn: DeployPOST
  Type: AWS::ApiGateway::Deployment
  Properties: { RestApiId: !Ref DeployApi, StageName: DummyStage }
DeployProdStage:
  Type: AWS::ApiGateway::Stage
  Properties:
    DeploymentId: !Ref DeployDeployment
    MethodSettings: [ { ResourcePath: !Sub "/${DeployKeyPath}",
      HttpMethod: POST } ]
    RestApiId: !Ref DeployApi
    StageName: prod
```

使用DummyStage，就像AWS文档所建议的那样

在此阶段部署中，需要引用我们的方法

将该阶段部署命名为"prod"

API Gateway 应该准备好投入使用，并且可以继续更新栈。

9.1.4　更新栈

更新栈的命令类似于用于创建它的那个命令：

通向更新后的CloudFormation模板的路径

```
$ aws cloudformation update-stack \
  --stack-name coreosinaction \
  --template-body file://./code/ch9/ch9-cfn-cluster.yml \
  --capabilities CAPABILITY_IAM \
  --parameters \
  ParameterKey=DeployKeyPath,ParameterValue=ahmup4equa... \
    ParameterKey=InstanceType,UsePreviousValue=true \
    ParameterKey=DiscoveryURL,UsePreviousValue=true \
    ParameterKey=AllowSSHFrom,UsePreviousValue=true \
    ParameterKey=KeyPair,UsePreviousValue=true
```

已经具有的栈

用于部署URL的新参数，64～128个字符

这些参数的其余部分必须放在这里，不过可以设置它们以便使用之前的值

在完成之后，我们来看看输出并且记录下所生成的 API Gateway URL：

```
aws --output text cloudformation describe-stacks \
  --stack-name coreosinaction \
  --query 'Stacks[0].Outputs[*].[OutputValue]'

https://zl2hgu19sk.execute-api.us-west-2.amazonaws.com/prod/ahmup4equa...◄
...
```
　　为了简洁，这里做了截断，
　　不过要将此URL放在方便获
　　取的位置

测试这个端点：

```
$ curl -X POST -H 'Content-Type: application/json' \
  https://zl2hgu19sk.execute-api.us-west-2.amazonaws.com/prod/ahmup4equa... \
  --data '{"push_data": {"tag": "production"}, "repository":
  ➡{"name": "ch6-web"}}'              ◄─────  Docker Hub载荷的重
                                              要部分
"deploy:ch6-web"    ◄──────  成功
```

这里所构建的内容实质上是进入 CoreOS etcd 集群的路径。可以遵循或者扩展这个模式，以便构建任意类型的管理工具来与集群交互，从而有效提供构建一个用于专门管理服务的自定义 API 的能力。可以基于此做进一步处理，并且将更为健壮的身份验证和授权系统构建到 API Gateway 中，还可以将更有意思的功能添加到 Lambda。例如，可以构建一个 Lambda 来启动更多的计算工作线程或者在 Couchbase 或任何其他数据系统上运行搜索。

　　最终可以继续处理软件的初始化部署并且测试部署触发器。下一节将简要描述新的 Web sidekick 以便编制该部署，并且将详细介绍所有服务文件的部署推出。

9.2　部署应用

我们已经准备好开始进行应用程序的实际部署。不过别急：必须做的第一件事是为 Web 创建一个新的 sidekick 单元文件，它要能够响应 etcd 事件以便对 Web 应用进行再部署。如果将此模式应用到我们自己的应用程序上，则必须为希望自动化部署的所有应用程序都制作部署 sidekick。我们首先着手处理此任务，然后继续部署该应用程序。

9.2.1　Web sidekick

我们在第 4 章和第 7 章中实现了大量 sidekick 功能。这里要添加另一个 sidekick，它会被附加到 web@单元模板的状态。就像其他 sidekick 一样，它也应该运行在其被绑定到的 Web 实例的同一机器上。将这个新的 sidekick 命名为 web-sidekick@.service。

代码清单9.9　code/ch9/webapp/web-sidekick@.service

```
[Unit]
Description=Web Service Sidekick %i

[Service]
TimeoutStartSec=0
RestartSec=1        ◄── 我们希望将快速重启用于这个sidekick
```

```
Restart=always                                            在值变更时退出……
ExecStart=/usr/bin/etcdctl watch /coreos.com/deploy
ExecStop=/usr/bin/docker pull mattbailey/ch6-web:production
ExecStop=/usr/bin/fleetctl stop web@%i.service
ExecStop=/usr/bin/fleetctl start web@%i.service
                                    ……并且重启该Web服务
[X-Fleet]
MachineOf=web@%i.service
                                    ……然后拉取出容器具有"produc-
                                    tion"标签的最新版本……
```

还要微调该 web@.service 文件以便拉取该生产标签。

代码清单9.10　code/ch9/webapp/web@.service

```
[Unit]
Description=Express and Socket.io Web Service %i
Requires=flanneld.service
After=flanneld.service

[Service]
RestartSec=5                                          在这里变更该标签……
Restart=always
ExecStartPre=-/usr/bin/docker rm -f web-%i
ExecStartPre=/usr/bin/docker pull mattbailey/ch6-web:production
ExecStart=/usr/bin/docker run \
  --rm \
  -p 3000:3000 \
  -e NODE_ENV=production \
  --name web-%i \
  mattbailey/ch6-web:production      ←——— ……这里也要变更
ExecStop=-/usr/bin/docker rm -f web-%i

[X-Fleet]
Conflicts=web@*.service
```

现在我们可以在 AWS 集群中启动服务！

9.2.2　初始化部署

确保本地 fleetctl 被正确设置以便使用 AWS 集群：

```
$ export FLEETCTL_TUNNEL=54.187.209.53
$ fleetctl list-machines                              第8章中获取到的
MACHINE     IP           METADATA                     其中一个公共IP
1efc44d5... 10.1.3.185   -
7aa773e3... 10.1.1.57    -                            应该能够看到集
c2a9c9c4... 10.1.2.174   -                            群中的机器
```

另外，为工作线程设置 etcd 键以便抓取一些 Twitter 数据：

```
$ etcdctl set /config/worker/auth '{ "consumer_key":"Your Consumer Key",
➥"consumer_secret":"Your Consumer Secret",
➥"access_token_key":"Your Access Token",        来自第7章7.1.2节
➥"access_token_secret":"Your Access Token Secret" }'
```

现在，切换到放置所有服务单元的目录中，并且全部启动它们：

```
$ fleetctl start \
  code/ch9/couchbase@{1..3}.service \
  code/ch9/couchbase-sidekick@{1..3}.service \
  code/ch9/conductor/conductor.service \
  code/ch9/memcached@{1..3}.service \
  code/ch9/memcached-sidekick@{1..3}.service \
  code/ch9/webapp/web@{1..3}.service \
  code/ch9/webapp/web-sidekick@{1..3}.service
```

```
$ fleetctl list-units
UNIT                              MACHINE                  ACTIVE    SUB
conductor.service                 1efc44d5.../10.1.3.185   active    running
couchbase-sidekick@1.service      7aa773e3.../10.1.1.57    active    running
couchbase-sidekick@2.service      1efc44d5.../10.1.3.185   active    running
couchbase-sidekick@3.service      c2a9c9c4.../10.1.2.174   active    running
couchbase@1.service               7aa773e3.../10.1.1.57    active    running
couchbase@2.service               1efc44d5.../10.1.3.185   active    running
couchbase@3.service               c2a9c9c4.../10.1.2.174   active    running
memcached-sidekick@1.service      7aa773e3.../10.1.1.57    active    running
memcached-sidekick@2.service      c2a9c9c4.../10.1.2.174   active    running
memcached-sidekick@3.service      7aa773e3.../10.1.1.57    active    running
memcached@1.service               7aa773e3.../10.1.1.57    active    running
memcached@2.service               c2a9c9c4.../10.1.2.174   active    running
memcached@3.service               7aa773e3.../10.1.1.57    active    running
web-sidekick@1.service            c2a9c9c4.../10.1.2.174   active    running
web-sidekick@2.service            1efc44d5.../10.1.3.185   active    running
web-sidekick@3.service            7aa773e3.../10.1.1.57    active    running
web@1.service                     c2a9c9c4.../10.1.2.174   active    running
web@2.service                     1efc44d5.../10.1.3.185   active    running
web@3.service                     7aa773e3.../10.1.1.57    active    running
```

直到所有服务都处于活动/运行中之前，都要保持检查list-units

接下来，通过使用 curl 访问 ELB 来确认应用程序已经启动并且正在运行。可以使用 AWS CLI 抓取 ELB 主机名：

```
$ aws --output text cloudformation describe-stacks \
--stack-name coreosinaction \              获取栈输出
--query 'Stacks[0].Outputs[*]'
URL to put in Docker Hub web hook DeployHook
  https://<YOUR API GATEWAY HOST>
  /prod/eivilleecojai3fephievie1ohsuo6sheenga2chaip8oph5doo5bethohg2uv6i
S3 Bucket for Backups Backup  coreosinaction-s3backup-1swvnfetvdowk
ELB Hostname  ELB coreo-LoadB-....us-west-2.elb.amazonaws.com    ELB主机名

$ curl -I coreo-LoadB-19KFCGFCVRC7M-644524966.us-west-2.elb.amazonaws.com
HTTP/1.1 200 OK                     返回内容应该包含Express作为
X-Powered-By: Express               X-Powered-By
...
```

另外，启动第 7 章的工作线程一小段时间——不过要记得停止它们，因为它们将很快受到速率限制：

```
$ fleetctl start code/ch9/worker/worker@{1..6}.service     启动它们
...
$ fleetctl destroy code/ch9/worker/worker@{1..6}.service

                                   一段时间后销毁它们
```

现在我们可以在浏览器中访问该负载均衡器以便查看第 7 章中部署到开发环境的同一站点。如果访问 http://<YOUR ELB>:8091/index.html，则应该能够访问 Couchbase 管理面板。

通过组合使用前几章所介绍的工具和命令，我们应该开始看到将复杂应用程序部署到 AWS 中基础设施上的全局样貌。在下一节中，我们将对 Web 应用进行修改并且测试自动化部署。

9.3   自动化部署

这一节将介绍如何使用之前设置的 Lambda 挂钩。将 9.1.4 节中来自栈 Outputs 请求的 URL 放在方便获取的地方：

```
URL to put in Docker Hub web hook DeployHook
  ➥https://<YOUR API GATEWAY HOST>
  ➥/prod/eivilleecojai3fephievie1ohsuo6sheenga2chaip8oph5doo5bethohg2uv6i
```

如果希望沿用这个示例，那么显然必须使用我们自己的 Docker Hub 账户，以及我们自己的已发布 Web 应用。

9.3.1   Docker Hub 设置

打开 https://hub.docker.com，进入仓库的网络挂钩配置。例如，我的配置位于 https://hub.docker.com/r/mattbailey/ch6-web/~/settings/webhooks/处(参见图 9.2)。单击+以便添加一个新的挂钩。

提示：这个示例主要使用了 Docker Hub，因为这是一种容易设置的方式，并且它并非必须为这个示例所构造的另一个服务。所有一切都可以在其所在位置中退出：CI 系统、任务执行系统、GitHub 挂钩、Slack 命令等。

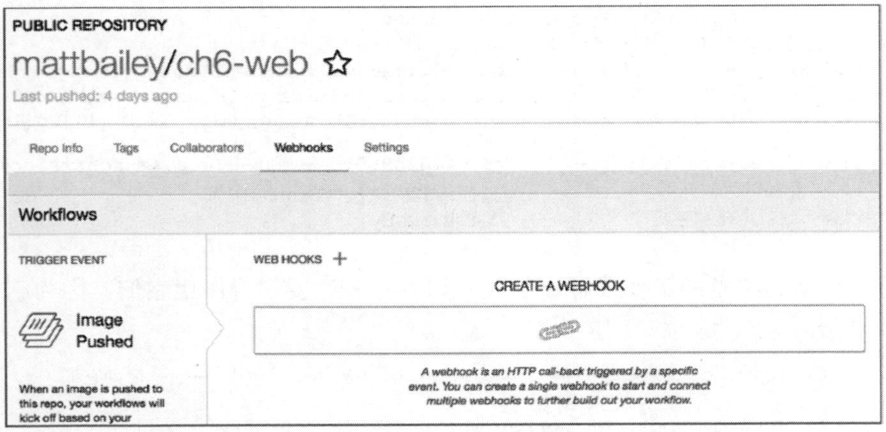

图 9.2   添加一个网络挂钩

对网络挂钩命名，然后粘贴在 API Gateway URL 中(参见图 9.3)并且单击 Save。

我们准备好了对应用进行一些修改，并且在它被推送到 Docker Hub 时自动部署它。我们来试试看。

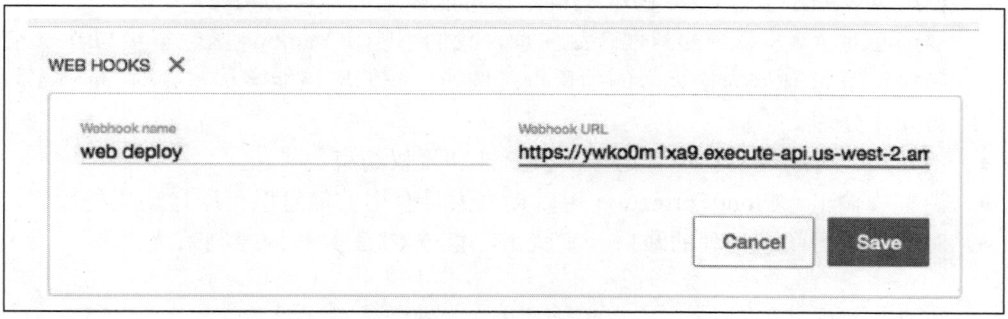

图 9.3　保存网络挂钩

9.3.2　推送变更

我们来进行一次简单方式的变更，这样就能突显我们做了些什么。在 index.html 文件中，在用于 socket.io 的<script>标签之后添加下面的新行：

```
<script src="/socket.io/socket.io.js"></script>          ←—— 已存在的行
<style>body { background-color: #000; color: #fff; }</style>  ←—— 添加这一行
```

保存该文件，并且构建和运行 Docker 映像。然后，使用 production 标签将之推送到 Docker Hub：

```
$ docker build -t mattbailey/ch6-web:production .        ←—— 确保此处使用"produc-
Sending build context to Docker daemon 14.34 kB             tion"来标记它……
Step 1 : FROM library/node:onbuild
...
$ docker push mattbailey/ch6-web:production  ←——  ……在push中也要使用该标记
The push refers to a repository [docker.io/mattbailey/ch6-youb]
...
```

其余部分应该是自动化的。回到我们的网站并且重新加载几次；可能在一分钟之后，我们的站点就应该会在黑色背景上显示白色文本。恭喜！我们已经设置了一个自动化的部署管道。

可以轻易将这类工作流集成到常见的持续集成或者通常会使用的源控制挂钩中。例如，可能我们使用了 CircleCI 或者 Jenkins，以便在推送到 GitHub 仓库分支时进行 Docker 构建，然后将之推送到 Docker Hub 以便触发此部署。现在，相较于使用 fleetctl 来手动销毁和重建服务以便部署新的版本，我们在初始部署之后或多或少不用插手 CoreOS 集群了，除非我们希望移除或者添加新的服务。这就是 CoreOS 系统对于开发人员而言变得更加自服务；我们可以继续围绕 CoreOS 添加自动化以避免与运行健壮服务有关的大量人工错误。

最后一章会介绍此部署的长期维护，如何为规模化而调整该基础设施，以及 CoreOS 的未来展望。

9.4　本章小结

- 使用 AWS 的特性在 CoreOS 集群中尽可能多地进行自动化处理。
- 要当心对 AWS 系统的紧耦合：注意，我们不能让 Lambda 函数直接与 fleet 交互。
- 确保使用 etcd 作为松耦合的抽象点：例如，我们应该能够从 curl 对 etcd 触发任意自动化处理。
- 不要忘记考虑现实环境管道中的安全性和授权约束。
- 调整栈输出。CloudFormation 可以提供大量有用的信息以帮助自动化处理。
- 对实现进行闭环处理的最后一步就是，集成 CI 工具和源控制系统。

## 第 10 章

系统管理 10

本章内容：

- 在栈中进行日志记录和备份维护
- 横向扩展集群
- rk 介绍

到目前为止，本书已经介绍了与 CoreOS 相关的很多内容：从对于该 OS 的基本理解一直到构建一个应用程序和所有的相关组件，以及将其部署到用于生产的 AWS 环境中。这最后一章将介绍 CoreOS 集群的持续管理中所涉及的内容、我们在第 8 章和第 9 章中所构建的环境的改进和可调整设置，以及 CoreOS 的未来发展。

到本章结束时，我们应该就能弄清楚与通用系统管理任务和工作流有关的内容：如何使用 AWS 中 CoreOS 的日志，如何处理现有 CoreOS 集群的扩展，以及如何从 Couchbase 安装和 etcd 中备份持久化数据。我还将介绍如何使用 rkt 创建服务，并且介绍与 CoreOS 即将提供的项目有关的一些详细内容，例如 Torus 和 Clair。

10.1 日志记录和备份

日志(显然)是系统管理员最基础信息集中的一员。AWS 内置了一项日志集中服务：CloudWatch Logs。Docker 非常方便地以开箱即用的方式支持它(并且提供了大量其他的日志驱动；参见 http://mng.bz/m3R3)。有两个地方可以定义此配置：要么在启动 dockerd 时全局配置(这意味着修改云配置)，要么在 docker run 运行时配置(这意味着修改单元文件)。这一节将介绍这两种配置(并且可以同时使用这两个选项)，不过首先必须对 AWS 环境做一些小修改。

提示：同样，最好是在运行这个栈时使用代码库(code/ch10/ch10-cfn-cluster.yml)。

如果我们希望在云配置中进行此修改，则要记住，那样做将引发启动配置的更新，而这将触发所有结点的替换——这意味着应该生成一个新的发现令牌。如果选择在单元文件中进行此修改，则不必经历此步骤，不过单元文件将变得不那么通用。如果使用所提供的 S3 链接模板来更新，那么必定会包含启动配置变更。

10.1.1 设置日志

首先，必须将单个资源添加到 CloudFormation 栈。在 Resources 对象的任意位置，添加一个 CloudFormation LogGroup。

代码清单10.1 LogGroup

```
LogGroup:
  Type: AWS::Logs::LogGroup
  Properties: { RetentionInDays: 7 }
```
正如这个键所表明的，这会设置CloudWatch保留日志条目的时长(以天为单位)

提示：在 RetentionInDays 栏中，只有确定的值才是有效的。可以在 http://mng.bz/kQ2T 处阅读到更多与此有关的内容。

还有一点很有用，就是添加一个输出来引用此 LogGroup，这样就能轻易地使用 CLI 工具检查日志。将它放在 Outputs 对象中。

代码清单10.2 输出

```
LogGroup:
  Description: CoreOS Log Group Name
  Value: !Ref LogGroup
```
所生成LogGroup名称的简单输出

现在我们已经拥有了具有一些友好输出的 LogGroup，我们还需要为实例修改 IAM 角色，这样才能使用 AWS API 写入这些日志。我们在第 8 章为实例设置了 IAM 策略；接下来，则要添加更多的日志权限。

代码清单10.3 日志的IAM权限

```
Action:
  - "ec2:CreateRoute"
  - "ec2:DeleteRoute"
  - "ec2:ReplaceRoute"
  - "ec2:ModifyNetworkInterfaceAttribute"
  - "ec2:ModifyInstanceAttribute"
  - "logs:CreateLogStream"
  - "logs:PutLogEvents"
```
第8章的原始操作集

要为实例赋予的两项新权限

如果选择在单元文件中进行日志配置，那么这些都是必须进行的唯一变更；可以继续使用第 9 章中介绍的 CLI 命令运行模板更新，或者通过 Web 控制台来更新。如果希望让这些变更对于运行在集群中的 dockerd 全局生效，则要继续阅读下一小节。

10.1.2 更新云配置

非常类似于使用 flannel 所做的那样，我们需要为 Docker 创建一个插入其中的单元，以便在云配置中启用此日志功能。在第 8 章中，在自动扩展启动配置的!Sub |用户数据文档中设置了用户数据。在 units:之下的任意位置添加以下内容。

代码清单10.4　用于awslogs的Docker插入信息

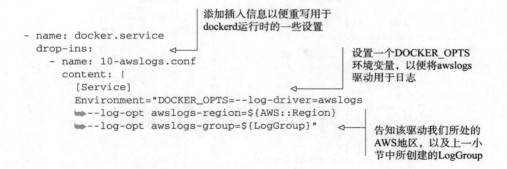

现在，可以继续更新栈并且同时生成一个新的令牌：

```
$ aws cloudformation update-stack \
  --stack-name coreosinaction \
  --template-body file://./code/ch10/ch10-cfn-cluster.yml \    ◄──┐
  --capabilities CAPABILITY_IAM \
  --parameters \                                                  这一章更新后
  ParameterKey=DeployKeyPath,UsePreviousValue=true \             的模板的路径
  ParameterKey=InstanceType,UsePreviousValue=true \
  ParameterKey=DiscoveryURL,ParameterValue=
  ➥$(curl https://discovery.etcd.io/new) \    ◄── 创建新的发现令牌
  ParameterKey=AllowSSHFrom,UsePreviousValue=true \
  ParameterKey=KeyPair,UsePreviousValue=true
```

　　记住，如果这样做，则需要重新初始化应用程序以便应用该变更。我们所有的数据都将丢失。

　　这就是对于全局设置我们所需要做的。一旦再次启动服务，它就应该开始将日志发送到 CloudWatch 中。此全局性方法的缺陷在于，日志流的名称是以 Docker 容器 ID 开头的，这并不能很好地提供有用的信息。全局性配置通常是除了将服务单元中的日志配置定义为囊括所有信息这一做法之外的实践。在浏览日志事件之前，我们来看看要将配置放入单元中需要做些什么。

10.1.3　单元中的 awslogs

　　此过程或多或少与主 docker.service 插入信息相同；我们在将一些标记添加到服务单元的运行时。在这样做之前，要从 CloudFormation 输出获得 LogGroup 名称：

```
OUTPUTS CoreOS Log Group Name    LogGroup
➥coreosinaction-LogGroup-4OOCJWKBHIWP    ◄── 要捕获的LogGroup名称
```

　　现在我们拿到了该名称，然后就可以将它放在单元文件中；这是一个快速简单的示例，所以我们将使用第 3 章的 Hello World 示例(code/ch10/helloworld@.service)。

代码清单10.5　单元中的awslogs日志

```
[Unit]
Description=Helloworld Service %i
Requires=flanneld.service
After=flanneld.service

[Service]
RestartSec=5
Restart=always
ExecStartPre=-/usr/bin/docker rm -f helloworld-%i
ExecStartPre=/usr/bin/docker pull mattbailey/ch6-helloworld:latest
ExecStart=/usr/bin/docker run \
  --log-driver=awslogs \
  --log-opt awslogs-region=us-west-2 \
  --log-opt awslogs-group=coreosinaction-LogGroup-4OOCJWKBHIWP \
  --log-opt awslogs-stream=%m-helloworld-%i \
  --rm \
  -p 3000:3000 \
  --name helloworld-%i \
  mattbailey/helloworld:latest
ExecStop=-/usr/bin/docker rm -f helloworld-%i

[X-Fleet]
Conflicts=helloworld@*.service
```

我们将使用这一章的这个简单示例来显示日志记录

对日志分组中的日志流进行命名

选择合适的地区

告知Docker使用awslogs驱动，与使用dockerd配置时相同

插入上一个代码段中的LogGroup名称

像往常一样，使用 fleetctl start helloworld@{1..3}.service 启动此服务。一大区别在于，此处我们添加了 awslogs-stream 选项。这让我们可以对日志流添加更为友好的名称，这样才能更加轻易地识别出我们正查看的日志的来源。之前没有使用过%m 模板变量：它会解析成 CoreOS 集群中的机器名称，这样仅通过查看 AWS CloudWatch 日志就能识别出服务正运行在哪台机器上。像往常一样，%i 是服务实例。

提示：我们可能会倾向于执行像 awslogs-stream=helloworld 这样的处理，并且之后将所有的服务输出转储到相同的流中。不过 AWS 不赞成这样做，其原因在于 log-sequence API 的运行方式。这样做也无法带来任何好处，因为我们可以在同一 LogGroup 中跨多个流搜索和浏览日志。

10.1.4　浏览日志

现在已经以两种方式之一配置好了我们的服务，以便输出到 CloudWatch 日志，是时候浏览流式输出的日志了。如果需要，可以使用 AWS 控制台和其友好的 Web UI 来浏览(https://console.aws.amazon.com/cloudwatch/home)，也可以使用 CLI 工具来转储一些日志：

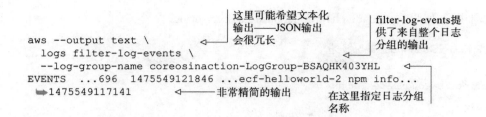

在 text 输出模式中，我们将看到若干内容栏：第一个就是类型指示器；EVENTS 是日志事件；SEARCHEDLOGSTREAMS 会告知我们搜索了分组中的哪些流；而 NEXTTOKEN 则是对输出分页的一种方式。EVENTS 类型中的其余栏就是 eventId(唯一键)、ingestionTime(CloudWatch 获得事件时的纪元时间)、logStreamName、实际的 message，最后是发送的纪元时间戳。

我建议通读 aws logs 的文档以便了解如何搜索以及最大利用日志记录。使用 CloudWatch 的日志记录是一个便利的选项，不过基础设施中可能已经具有其他的日志聚合系统，很可能还具有更为丰富的特性集。

现在已经配置好一个简单的日志聚合服务，我们将继续介绍持久化数据的备份。

关于监控的提示

日志为以大量不同方式进行有效监控提供了大部分的上下文。为了在一些结果集之上发送告警而设置 CloudWatch 日志查询，这方面的内容更应该出现在一本 AWS 书籍中，不过它必然存在于 AWS 的特性集中。对于监控系统资源而言也是如此：CPU/RAM/磁盘使用情况都与主机提供者有关；CoreOS 不会提供特定的工具，不过市面上有一些新的项目会为监控发现提供 etcd 支持(例如，Prometheus: https://prometheus.io)。

10.1.5　备份数据

在第 8 章中，我们创建了一个 S3 bucket 和一条策略来进行处理，以便为数据备份提供一个位置。现在 Couchbase 集群中已经有了一些(很可能)重要的数据，我们希望确保定期将这些数据推送到 S3 中。其过程会类似于我们正使用的带有任意备份工具的任何数据库。由于我们对于在 etcd 中设置合适的键进行了大量的尽职调查，所以该过程会变得相当简单。这一节还将阐释如何备份 etcd 集群以及如何将它存储在 S3 bucket 中。

在开始之前，要确保我们知悉 S3 bucket 的名称，要么在 AWS Web 控制台中查看，要么查看以下命令的命令行输出：

```
aws --output text cloudformation describe-stacks
  ➥--stack-name coreosinaction | grep Backup
OUTPUTS S3 Bucket for Backups Backup          我们会将这个bucket用于备份
  ➥coreosinaction-s3backup-1xu0sff666ebx  ◄
```

现在，我们来查看用于备份的单元。首先将从 Couchbase 开始：将之用作有价值业务信息的数据存储，这可能是必须对其进行备份的最重要的内容。除了 etcd 中的内容(也要对其进行备份)之外，Couchbase 数据是系统中唯一并非瞬时的内容。第一个备份服务看起来应该类似于以下代码清单(code/ch10/couchbase-backup.service)。

代码清单10.6　Couchbase备份服务

```
[Unit]
Description=Couchbase Backup

[Service]
TimeoutStartSec=0
RestartSec=3600                    等待一个小时
Restart=always                     (3600秒)再重启
ExecStartPre=-/usr/bin/rm -rf /tmp/backup        即使成功，也要重启
ExecStartPre=/usr/bin/mkdir /tmp/backup          清理并且创建一个
ExecStart=/bin/sh -c ' \                          新的备份目录
  docker run --rm \
    -v /tmp/backup:/tmp/backup \                  使用用于Couchbase
    couchbase:community-4.0.0 \                   部署的相同映像
    cbbackup http://$(etcdctl get `etcdctl ls /services/couchbase/ |
    head -n1`):8091 \
    /tmp/backup \
    -u Administrator -p $(etcdctl get /config/couchbase/password) && \
docker run --rm \
  -v /tmp/backup:/tmp/backup \
  samepagelabs/s3cmd \
    --region=us-west-2 sync /tmp/backup s3://<INSERT_S3_BUCKET_NAME>/'
```

使用存储在etcd中的集群配置中的第一个结果

插入从AWS CLI命令输出中获得的S3 bucket名称

这里我们要做几件事情。这个新的单元旨在它每次完成并且等待 3600 秒之后重启。如果需要，我们可以将它设置为一个较小的时间间隔以便进行测试。我们在这个服务中运行了两个 Docker 并且在它们退出时移除了它们(--rm)，并且它们都挂载了我们创建的 /tmp/backup 目录。首先运行备份工具 cbbackup，然后使用安装了 s3cmd 的公共映像将文件同步到 S3。

我们不需要它运行在任何特定结点上，并且只需要它运行在一个结点上。因此，就像我们现在应该已经熟悉的那样，运行 fleetctl start backup.service，并且我们应该很熟悉 Couchbase 数据带时间间隔的备份。

提示：Couchbase 的 cbbackup 工具会自动使用其名称外加日期来创建目录。如果正在使用其他一些数据库，那么如果该工具无法创建该结构的话，则要确保手动创建该结构。或者，研究一下 S3 的高级特性，例如版本控制，这可能会很有用。

我们要做的操作差不多与代码清单 10.7 中使用 etcd 所做的操作相同(code/ch10/etcdbackup. service)。我们目前并非是在存储 etcd 中的大量重要信息，不过作为系统配置的标准源，能够备份这些信息也是很有用的。随着应用程序的迭代，我们必须围绕它添加更多的配置，这些数据将逐渐变得至关重要。此备份任务稍微容易一些，因为我们不需要使用 Docker 来执行 etcd 备份。不过，我们确实需要确保正在创建增量备份，因为 etcdctl 工具不会为我们创建命名目录。

代码清单10.7　etcd备份服务

```
[Unit]
Description=etcd Backup

[Service]
TimeoutStartSec=0
RestartSec=3600
Restart=always
ExecStartPre=-/usr/bin/rm -rf /tmp/etcdbackup
ExecStartPre=-/usr/bin/mkdir /tmp/etcdbackup
ExecStart=/bin/sh -c ' \
  etcdctl backup --backup-dir /tmp/etcdbackup/`date +%%s` --data-dir
  ➡/var/lib/etcd2 && \                        ←── 将备份转储到以其名称外加
  docker run --rm \                               纪元时间作为名称的目录中

    -v /tmp/etcdbackup:/tmp/etcdbackup \
    samepagelabs/s3cmd \
      --region=us-west-2 sync /tmp/etcdbackup
  ➡s3://<INSERT_S3_BUCKET_NAME>/'           ←── 使用同一个s3cmd映像
```

这实际上执行了与之前服务相同的处理，只不过是针对 etcd 而已。我们可以像往常一样使用 fleetctl start etcd-backup.service 来启动它。

现在我们准备好了用于本书示例的集群和应用程序栈的备份。显然，真实应用程序的备份需要比这里的简单示例要复杂一些，不过这应该能够用于任意数据系统的模式。有时候，备份操作的执行成本会相当大，并且可能最终需要将那些服务委托给另一台机器。下一节将探讨如何扩展 CoreOS 集群以便为服务增加容量。

10.2　系统扩展

复杂系统平衡部署的最后一个部分就是如何横向扩展系统。我们来看看这些资源维度：

- 存储容量
- 内存
- CPU
- 存储 I/O
- 网络容量

这些限制就是应用程序栈的性能特征的计算约束，并且我们必须测试应用程序以便弄明白会受到哪方面的限制。存储容量通常是可以预测的，尽管我们可能希望横向扩展它，但考虑在逻辑上按照存储和计算来划分集群是值得考虑的。内存使用通常是可预测的，并且我们可能不需要为扩展而监控它，除非是在运行像 Elasticsearch 或者 Redis Cluster 这样的框架系统。实际上，我们不太可能在 CPU 资源消耗较低的情况下受到网络容量或存储 I/O 的影响，因此 CPU 是最初扩展的驱动力的一个良好指标。

这一节首先对 CloudFormation 模板进行一些小的修改，以便允许我们轻易添加容量。然后，我们将继续探讨如何在集群中进行分区扩展。

10.2.1   集群扩展

CoreOS 提供了一种简单的方式用于横向扩展机器的集群。使用 etcd2 移除一台机器会有一些困难，因为它不再会像版本 1 那样自动拉出一台机器。为了变更规模，我们必须进行一些最小化的修改。首先，必须修改 CloudFormation 模板。我们将对其进行参数化，这样才能在未来更加轻易地调整它。在 CloudFormation 集群的 Parameters 部分，添加以下内容。

代码清单10.8   使用一个参数手动扩展

```
DesiredCapacity:
    Description: Desired nodes in the CoreOS Cluster
    Type: Number
    Default: 3
    MinValue: 3
```

此时这应该非常简单明了。我们添加了一个新的参数值，这样就能更加轻易地修改所期望的容量。

接下来，我们需要在自动扩展小组 ASG 中引用该参数。找到模板中的 CoreOSServer-AutoScale 资源，并且像下面这样修改 DesiredCapacity 属性。

代码清单10.9   来自参数的期望容量

```
CoreOSServerAutoScale:
  ...
  Properties:
    DesiredCapacity: !Ref DesiredCapacity   ←  如果读者一直在完全按
  ...                                           照本书内容进行处理，
                                                那么在修改之前，这将
                                                被设置为3
```

现在，可以更新 CloudFormation 栈。使用 10.1.2 节中的 update-stack 命令，并且添加这个新的参数：ParameterKey=DesiredCapacity, ParameterValue=4。我们应该在 ASG 中看到一个新的结点，并且新的 CoreOS 结点最终应该出现在集群中，如果运行平常的 fleetctl list-machines 的话。

集群中有了一个新的结点，但其上没有运行任何东西。有几种方式可以让服务运行。可以添加任意服务的一个新实例(例如 fleetctl start helloworld@4.service)，或者可以将服务变更为一个全局服务。通常，要避免使用这个服务的模板命名——例如，helloworld@.service 会变成 helloworld.service——并且添加以下行：

```
...
[X-Fleet]
Global=true
```

现在，在运行 fleetctl start helloworld.service 时，它会确保该服务正运行在每一台可用的机器上。

我们的服务在该较大的集群上启动了。接下来，需要一种方法从集群中移除一个实例。这会有些棘手。etcd 不会在机器停止响应时自动从集群中移除这台机器。这很大程度上是一件好事：我们不希望在结点重启或者开始变得不可响应时完全移除该结点。为了缩容，我们需要检查集群的健康情况，然后运行 etcdctl 命令来移除结点。可以在一个快速脚本中进行这样的处理：

```
$ etcdctl cluster-health | \
  grep unreachable | \
  cut -d' ' -f2 | \
  xargs etcdctl member remove
```

这会检查集群的健康情况并且根据其机器名称移除不可用的成员。CoreOS 旨在成为一个完整的平台，因此对集群缩容的模式并非像添加新结点那样清晰。其用意在于，CoreOS 集群中有一个容量池，并且我们通常会在其中扩展各种服务。在其容量无法满足需要时，我们要将结点添加到这个池中；不过在大多数情况下，我们不太可能希望移除资源。

接下来，我们来看看如何才能进行扩展分区。

10.2.2　扩展分区

现在我们知道了如何在集群中进行扩展和缩容，我们可以探讨为了进行扩展而可能想要的将集群分解成逻辑分组的各种方式。fleet 拥有为集群指定元数据的能力，它有助于此分区处理。我们可能会希望保留一个集群用于 etcd，这样我们的配置就能保持一致性；不过，举个例子来说，我们可能希望将 Couchbase 集群运行在具有更多 CPU 和更大磁盘的结点上。

通过将集群分区成几个具有不同扩展目标的不同逻辑分组，我们就可以维护一个更加灵活的集群，它能满足我们的需要并且由异构机器混合而成。AWS 中的 ASG 具有固定的实例类型，所以为了实现此目标，我们必须在 CloudFormation 栈中编写一个新的小组资源。为了简洁明了，我不会在本书中整个粘贴另一个 ASG，不过大家可以在本章开头处提到的 CloudFormation 模板中找到它。

简而言之，我们要添加一个新的名称为 DatabaseCoreOSServerLaunchConfig 的启动配置，以及一个新的名称为 DatabaseCoreOSServerAutoScale 的 ASG。该启动配置的云配置 UserData 中添加了一小部分内容：

```
#cloud-config          | 已经介绍过了
coreos:
  fleet:                 | 为此分区将元数
    metadata: "role=database"  | 据添加到fleet
...
```

这只是 UserData 的一个片段，用于阐释如何为 fleet 添加元数据(role=database)。如果我们还没有这样做，则可以使用链接模板来更新栈。我们的集群中应该具有总计七个结点：上一节中介绍了四个，其中我们为三结点集群添加了一个新的结点，而这个新的 ASG 要使用三个结点。

现在已经设置好两个分区，可以确保数据库服务运行在合适的位置。

10.2.3　迁移服务

fleet 对于 systemd 扩展的一个特性就是，可以基于若干参数来确保一些服务运行(或者不运行)在特定的机器上。我们还没有介绍的一点就是元数据参数。我们的集群拥有了一个逻辑分区，其 fleet 元数据 role 设置为 database，这样我们就能调整 Couchbase 单元文件以便确保它们运行在正确的机器上。

首先，检查集群以确保正确设置了所有的结点和元数据：

```
MACHINE        IP              METADATA
2e3ebbb2...    10.1.3.177      role=database
32616658...    10.1.3.21       -
540cfa08...    10.1.2.176      -
6db82152...    10.1.1.111      -
b0b00cea...    10.1.2.122      role=database
d684931b...    10.1.1.224      role=database
f1c9bf2f...    10.1.1.75       -
```

正如我们所看见的，三个结点的元数据中都有 role=database。为了输入这些信息，需要通过在结尾处添加以下行来修改 couchbase@.service 模板：

```
...
[X-Fleet]
Conflicts=couchbase@*
MachineMetadata=role=database        ◀── 添加的唯一一行
```

现在，可以将 Couchbase 集群迁移到处于这个角色中的新机器上。由于将此系统设计为对 Couchbase 结点容错和自动迁移，所以如果每次销毁和创建一个新的服务，应该就能够迁移整个集群而不会丢失任何数据。我们在这样做时必须确保观察 conductor 的输出，以便跟踪整个集群的数据平衡。在另一个终端中，可以使用 fleetctl 跟踪 conductor 的日志：

```
在移除节点时应该看到此信息。                          这需要花一些时间，就像第9章
                                                    中所做的那样
    $ fleetctl journal -f conductor.service
──▷ ... docker[1665]: FIRST_NODE lost, re-setting to: 10.10.81.2
    ... docker[1665]: INFO: rebalancing          ◀──
──▷ ... docker[1665]: SUCCESS: rebalanced cluster
    ... docker[1665]: Node added, rebalancing: SUCCESS: server-add 10.10.64.2:8091
    ... docker[1665]: SUCCESS: rebalanced cluster ◀─┐

在启动另一个结点之前，要        在销毁另一个结点之前，要      在启动一个新结点时，
等待成功标记                    等待这一再平衡              我们将看到这一信息
```

提示：如果该 IP 地址造成混淆，则要记住，我们正在使用 flannel，因此它们与 fleetctl list-machines 所报告的 IP 地址不同。

逐个运行 fleetctl destroy couchbase@1.service(等待再平衡)和 fleetctl start couchbase@1.service(等待再平衡)。一旦完成，所有的 Couchbase 服务都应该仅运行在专门用于该目的的新结点上。本书中为了保持简单，这一分区的资源特征与最初的集群完全相同；不过这揭示了如何才能轻易地仅仅将集群的一部分变更为较大的 AWS 实例或者让其具有更多的存储。

10.3　CoreOS 展望

CoreOS 是一个快速演化的平台。在编写本书期间，CoreOS 家族中已经创建了新的产

品，并且更多的实验性特性已经稳定了。以我们可以应对的节奏来熟悉所有这些内容：面对 DevOps 工具的整个市场，我们很容易就会不知所措。这一节首先会概要介绍一些较新功能和产品，并且以对 rkt 这一 CoreOS 团队的新容器运行时的介绍作为结束。

10.3.1　新的工具

在编写这部分内容时，etcd 版本 3 已经处于实验阶段一段时间了。它还没有被附加到 CoreOS 的 alpha 构建版本中，不过它正处于紧密开发过程中。改进部分将包括一种利用具有租期的 TTL 的新方式，该方式可以将许多键绑定到单个过期事件，还包括通过 HTTP/2 使用 gRPC 以及将 gRPC 用于不必依赖轮询的检测器所带来的极大性能提升。加之对数据模型的变更和改进后的可靠性与并发性，版本 3 就应该可以扩展出一些真正巨大厚重的部署。

在配置方面，云配置正逐渐被名称为 Ignition 的新系统所替代(https://coreos.com/ignition)。现在，大部分 CoreOS 文档都在对等的云配置 YAML 旁边显示了 Ignition 配置(以 JSON 格式)。它主要服务于同一目的；正如其文档所描述的，Ignition "仅运行一次并且 Ignition 不会处理变量替换"。有意思的是，在我开始编写这一章之前的一个星期，AWS CloudFormation 开始支持将 YAML 用作模板并且增加了更为健壮的变量替换能力。

对于安全工程师而言，CoreOS 还发布了 Clair：一种用于 appc(rkt)和 Dokcer 容器的漏洞扫描器(https://coreos.com/clair)。它是一个运行在 PostgreSQL 数据库之上的全栈应用程序，它会读取 CVE 数据库、检查图片，并且发送与它找到的问题有关的通知。Dex(https://github.com/coreos/dex)也是注重安全性的人可能会感兴趣的东西，它是一个使用 OIDC 标准的身份验证系统。遗憾的是，它还没有包含内置的身份验证提供程序(IdP)，不过这已经在规划开发中了。

最后值得探讨的一个新产品就是 Torus(https://github.com/coreos/torus)。Torus 解决了与 Ceph 相同的问题：它提供了具有一定程度容错性的分布式文件系统。它做出了大量的承诺，不过在编写本书时，其公告仍旧宣称处于实验阶段，并且不适合用于生产环境。在我编写本书中探讨 Ceph 的章节内容时，它甚至都还未问世。

10.3.2　rkt

为了总结本书内容，我们将深入介绍 rkt：它是 CoreOS 所开发的新的容器运行时，以便运行存在争议的更为"标准化的"应用程序容器映像(ACI)格式。这部分内容出现在本书结尾处的原因是，它不太可能在最近成为工作流的组成部分。介绍它的目的出于两个原因：首先，它代表 CoreOS 团队的巨大开发努力，并且我认为，至少在不介绍其功能的情况下，本书是不完整的。其次，在我编写收尾的这最后几章时，Docker 社区已经开始出现一些争议了，人们正在开始寻找替代项——因此大家可能或早或晚都会发现 rkt。这一节中的所有处理都会使用 Vagrant 集群而不是 AWS 集群来完成，这是因为 rkt 的使用多少带有实验性质，并且该工具组会对工作站一侧带来复杂性。

rkt 和 Docker 之间最大的区别在于，它不具有像与之同时运行的所有容器的父进程一样的控制守护程序。相较于对守护程序运行命令，当我们使用 rocket 运行服务时，它会生成一个新的 rkt 进程，并且应用程序会作为其仅有的子进程。当应用程序退出时，该 rkt 进程也会退出(使用其子进程的退出码)。实际上，这意味着我们不必依赖可能会出现单点故障或者作为主安全载体的守护程序，另外，init 系统会变成直接控制应用程序状态的父结点，这会省去不少样板配置工作，并且简化从分布式调度器角度来看的架构(参见图 10.1)。如果我们熟悉像 chroot jails、FreeBSD jail 或者 Solaris zones 这样的一些比较老的进程隔离系统，那么此容器实现看起来会很类似，不过它具有映像分层和使用简单的工具所带来的好处。

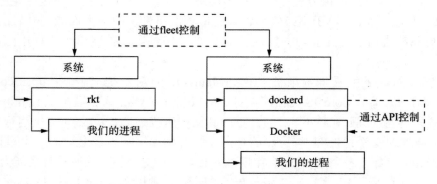

图 10.1   rkt 与 Docker 进程模型的对比

图 10.1 类似于关于 rkt 的 coreos.com 页面上的图表，不过我希望做出几点说明。首先，无论如何实现，fleet 都控制着 systemd 的执行，并且可以从它在 systemd 中收集到的上下文理解系统状态。fleet 无法做的就是(比如，当不在 sidekick 中添加某种编程式回调时，)理解 dockerd 守护程序如何与 Docker 容器进程交互的上下文。我曾经看到过，rkt 被描述为一种让容器化变得无趣的方式，而这实质上就是它在不增加一层新的不透明上下文的情况下所要做的。

rkt 的另一个方面就是经由 GNU Privacy Guard(GPG)的签名证书所确保的安全性。在 SSL 证书校验之外，这提供了一层额外的确定性，可以确保我们正使用的映像就是我们打算使用的。rkt 和 ACI 旨在被用作一套工具，而非单体式工具。如果我们打算在生产环境中使用 rkt，并且不打算将 Docker 映像转换成 ACI，那么需要了解的最重要的工具就是帮助构建 rkt 映像的工具。在这一节中，我们将介绍第 3 章使用 Docker 的 Hello World 应用程序的一部分，并且将它转变成一个 ACI，这样就能使用 rkt 来运行它。

与 Docker 非常类似的是，rkt 和它所依赖的 appc 用户端工具(比如 acbuild)会直接运行在 Linux 上。这意味着，如果没有原生使用 Linux 的话，那么我们需要为它和 Vagrant 使用虚拟化。如果读者跳过了第 2 章中介绍 Vagrant 设置的任何部分，则要确保已经对其进行了设置，以便应对 ACI 的构建。

在开始介绍之前，需要提示一下这一节的内容范围。非常类似于 Docker，在提供 ACI 的 https://quay.io 处，有一项"如果希望项目公开则免费使用，如果想要私有化映像则要按月度收费"的服务。不过这里缺少了一部分：我们(目前)不能推送一个在 quay.io 中创建的 ACI。我们可以将一个 Docker 项目放入 quay.io 中，并且它既能提供 Docker 仓库也能进行转换并且同时提供 ACI。因此，如果需要，则可以在此放置已有的容器，并且不必自行创建 ACI，不过仍然要将其当作 ACI 那样使用已有的 Docker 工作流。

不同于使用 Docker，我们不需要 API 服务来提供自定义 ACI。我们所需的就是通过 HTTPS 提供平面文件的东西；可以在 http://mng.bz/ma8X 处阅读到更多与之有关的内容。这会让我们自己的用于 AMI 的"登记处"的设置变得相当简单；甚至可以遵循该指南将它们丢到 AWS S3 上。这里不会介绍所有的该类托管，不过我将探讨如何构建一个 ACI。

步骤 1：让 rkt 工具运行起来

首先，签出 GitHub 上的 rkt Git 仓库；为了简单起见，我假定读者正在通过 CLI 使用 git。我还将假定读者正在从第 3 章 helloworld 项目的同一目录处克隆该仓库：

```
$ git clone https://github.com/coreos/rkt.git
...
$ ls
helloworld rkt # This directory has both helloworld and rkt
$ cd rkt
```

现在我们应该位于 rkt 目录中。对 Vagrantfile 进行少许下面这样的编辑，这样就能将 helloworld 项目链接到 Vagrant 机器中。

代码清单10.10　编辑过的Vagrantfile

```
Vagrant.configure('2') do |config|
    # grab Ubuntu 15.10 official image
    config.vm.box = "ubuntu/wily64" # Ubuntu 15.10

    # fix issues with slow DNS http://serverfault.com/a/595010
    config.vm.provider :virtualbox do |vb, override|
        vb.customize ["modifyvm", :id, "--natdnshostresolver1", "on"]
        vb.customize ["modifyvm", :id, "--natdnsproxy1", "on"]
        # add more ram, the default isn't enough for the build
        vb.customize ["modifyvm", :id, "--memory", "1024"]
    end

    config.vm.provider :libvirt do |libvirt, override|
        libvirt.memory = 1024
    end

    config.vm.synced_folder ".", "/vagrant", type: "rsync"
    config.vm.synced_folder "../helloworld", "/app", type: "virtualbox"    ◁
    config.vm.provision :shell,
➦   :privileged => true, :path => "scripts/install-vagrant.sh"
end
```

如果将该helloworld应用保存在不同于该父目录的位置，则要在此处指定该路径

我们目前所完成的处理就是将一个同步文件夹添加到 Vagrant 机器配置，这样才能将 rkt 和应用容器工具用于 helloworld 项目。使用 vagrant up 启动该 Vagrant 机器。

步骤 2：使用 acbuild 构建应用程序

现在我们设置了 rkt，可以构建应用容器了。首先介绍构建脚本，它在概念上类似于 Dockerfile。在通过 ssh 连接到 Vagrant 机器之前编辑这个脚本。

代码清单10.11 /helloworld/appc-build.sh

就像Docker中的标签一样，将ACI的名 这意味着我们将使用Quay上
称设置为最终会在其中托管它的主机 CoreOS的Alpine Linux基础
的名称 映像，这是一个最小化发布
版本

我们并非是在使用
node:onbuild映像，
因此要确保依赖项
被安装了

```
acbuild begin
acbuild set-name mdb.io/helloworld
acbuild dependency add quay.io/coreos/alpine-sh
acbuild run -- apk add nodejs --update-cache --repository
  http://nl.alpinelinux.org/alpine/edge/main
acbuild copy /app /app
acbuild run -- /bin/sh -c "cd /app; npm install"
acbuild set-exec -- /bin/sh -c "cd /app; node app.js"
acbuild port add www tcp 3000
acbuild label add version 0.0.1
acbuild label add arch amd64
acbuild label add os linux
acbuild write helloworld-0.0.1-linux-amd64.aci
acbuild end
```

ACI的入口点

配置这个容器将使用的端
口，非常类似于Docker中
的PORT

推荐的ACI命名规范

所支持的元数据的各种类型；参见
acbuild文档以了解更多的示例

接下来，通过 ssh 连接到 Vagrant 机器中并且使用这段脚本构建 ACI：

确保该项目是正确同步的 我们需要安装这个额外的组件，以
便让 "acbuild run" 行正确运行

```
$ vagrant ssh
vagrant@vagrant-ubuntu-wily-64:~$ ls /app
appc-build.sh app.js Dockerfile helloworld@.service
  helloworld-sidekick@.service  package.json
vagrant@vagrant-ubuntu-wily-64:~$ sudo apt-get install systemd-container
...
vagrant@vagrant-ubuntu-wily-64:~$ sudo sh /app/appc-build.sh
Downloading quay.io/coreos/alpine-sh: [================] 2.65 MB/2.65 MB
...
vagrant@vagrant-ubuntu-wily-64:~$ ls -lh *.aci
-rw-r--r-- 1 root root 22M May 26 03:56 helloworld-0.0.1-linux-amd64.aci
```

运行我们的构建脚本，总是 仅22 MB。ACI已
为这个构建VM使用sudo 经被创建了

由于此处的基础映像是 Alpine Linux(一个非常精简的发布版本)，并且由于我们不是在添加大量可能为结点包所需要的东西(不过对于这个 helloworld 应用而言并非如此)，因此该容器映像仅 22 MB 大小。现在可以使用 rkt 来运行它！

步骤 3：使用 rkt 运行 ACI

仍旧通过 ssh 连接到 Vagrant 机器中，输入以下命令以便运行和测试 ACI：

需要它，因为我们没有为这个映
像生成GPG签名

在appc-build.sh定义的命名端口

如果需要，可以将该命令分
叉成后台之中的subshell，
这需要使用&，或者打开
一个新的"vagrant ssh"会话
以便进行测试

```
vagrant@vagrant-ubuntu-wily-64:~$ sudo rkt run \
                    --insecure-options=image \
                    --port=www:3000 \
                    helloworld-0.0.1-linux-amd64.aci &
[1] 6917
image: using image from file /usr/lib/rkt/stage1-images/stage1-coreos.aci
image: using image from file /usr/local/bin/stage1-coreos.aci
image: using image from file helloworld-0.0.1-linux-amd64.aci
image: using image from local store for image name quay.io/coreos/alpine-sh
networking: loading networks from /etc/rkt/net.d
networking: loading network default with type ptp
vagrant@vagrant-ubuntu-wily-64:~$ curl 10.0.3.1:3000
hello world                                          它生效了！
vagrant@vagrant-ubuntu-wily-64:~$ sudo kill -SIGKILL 6917
                                                 销毁rkt进程
```

如果分叉了的话，则记录这
个PID，这样稍后才能销毁它

除非修改了VirtualBox中的一些设置，否
则这应该就是其IP。如果不是，则要检
查"ip addr show lxcbr0"

　　我们已经构建并且运行了首个 ACI。正如大家所了解到的，将 ACI 纳入基础设施的方式是一个开放性问题，不过可以使用一些简单的推荐解决方案。在生产环境中通过 HTTP 提供文件不在本书探讨范围中，不过大家现在应该理解了 rkt 与 Docker 的差异，以及如何才能使用它。

10.4　本章小结

- 思考日志记录如何适用到工作流中。我们希望日志数据提供哪方面的内容？
- 一旦数据增长，备份可能就会变成代价高昂的操作，因此要视情况进行规划。
- 规划顶层规模化载体，并且，例如，可能要规划使用像 role=highcpu 这样的元数据的分区集群。
- 密切留意 rkt——预计它会继续引发容器化应用高潮。
- 如果读者阅读到了本书的结尾，那么请不要忘记终止 AWS 实例。